공감과

공간

지역문화자원의 개발과 연출

공감과 공간

지역문화자원의 개발과 연출

김진영
이종오
지음

HUINE

PROLOGUE

드넓은 바다, 탁 트인 들판, 푸르른 산, 정겨운 이웃들과 매일 아침 부딪치는 좁은 골목길, 재주 많은 옆집 청년, 밤거리 안전을 책임지는 가로등, 오가며 가끔 한 끼를 해결해온 동네 식당. 모두 우리가 사는 지역에서 일상적으로 맞닥뜨리는 소중한 자산이다. 이처럼 지역은 삶의 토대로서, 안식처로서, 때로는 사회의 모본으로서, 인간의 모든 활동의 무대가 되는 곳이다. 과거 권위주의적인 시대에 지역은 중앙의 하위 개념으로서 지엽적이고 단편적인 주변부의 역할을 수행하는 것에 지나지 않았다. 그러나 문화적 다양성이 국가경쟁력의 원천이 되는 지금은 문화자원을 활용하여 지역의 이미지를 높이고 나아가 경제활성화로 연결시키려는 시도가 중앙정부나 지자체 차원에서 봇물처럼 쏟아지고 있다.

이러한 추세를 반영하듯 문화자원의 정의도 다양해졌다. 흔히 문화자원하면 바로 떠오르는 고건축물이나 기록물과 같은 각종 등록문화재를 비롯하여 지역을 대표하는 인물이나 설화, 음식, 천혜의 자연환경, 지역에서 내려오는 특산품, 기술, 예술품이나 예술인, 심지어는 유통단지와 같은 산업시설이나 도서관, 청소년 수련원과 같은 생활문화자원에 이르기까지 인간다운 삶을 영위하는 데 필요한 거의 전 영역이 포함된다.

이러한 맥락에서 보면, 지역의 경계는 이제 행정구역이나 국경과 같은 지리적 경계를 넘어서 보다 광역적으로 전화하고 있으며 테크놀러지와 교통수단의 발달은 지역의 사회적, 인지적 범위를 거의 무한대로 확장하고 있다. 이제는 지역의 경쟁력이 곧 국가의 경쟁력이다. 지역의 성공은 곧 국가의 성공 전제조건이다. 국토개발에 밀려 늘 후순위였던 지역의 개발은 경제 및 문화민주화나 지방분권과 같은 정치적 용어를 등에 업고 최우선 자리를 차지하고 있다.

이 책은 지역에 대한 점증하는 관심을 다양한 측면에서 조망한다. 1장은 지역, 지방, 지역문화, 문화자원 등 지역의 특징적 요소를 살핌으로써 지역의 함의를 알아보려 한다. 2장은 지역에 따라 문화집단이 어떤 방식으로 나타나는지 개관하고 환경과 문화의 유기적 관련성을 고찰한다. 3장은 산업화를 겪은 지구촌의 공통적인 현상인 도시화에 주목한다. 초기 도시화 모델을 살펴보고 도시화 과정에서 드러나는 문제들을 제시한다. 도시화 단계에서 마지막으로 나타나는 역도시화는 도시재생의 필요성을 역설한다. 4장에서는 현재 국내외 많은 도시들이 모델로 삼고 있는

'도시재생'의 전략과 유형을 살펴본 후 도시재생의 그늘이라 할 수 있는 젠트리피케이션의 해법을 함께 모색해본다. 5장과 6장에서는 지역문화자원을 활용한 지역개발전략과 정책을 알아본다. 지역이 처한 환경이 다른 만큼 지역개발전략과 정책 역시 다양하다. 또한 재구조화를 통해 흩어져 있는 문화적 요소를 통합하고 이에 새로운 활력을 불어넣는 문화기획은 지역문화자원 활용에 필수적이다. 7장은 실질적인 지역개발의 성공 사례들은 각 지역이 어떤 전략을 사용하여 문화자원을 활용하고 있는지 통찰할 수 있게 한다. 이로써 우리나라에 적용할 수 있는 방안을 모색해본다.

앞서 언급한 내용을 바탕으로 본 졸고는 1장부터 7장까지 이론에서 실제에 이르기까지 비록 심층적인 분석은 지면과 시간의 부족으로 어려움이 있었으나 큰 틀에서라도 개괄하려고 하였다. 끝으로 이 책이 지역의 인재들이 좀 더 자부심을 갖고 일할 수 있게끔 미력이나마 보탬이 되기를 바란다. 아울러 본 졸고가 저서로 탄생할 수 있게 모든 출판 과정을 맡아 준 '지식출판콘텐츠원'과 한국외국어대학교 대학원 글로벌문화콘텐츠학과 BK21사업단, 그리고 중간에서 궂은 일을 도맡아주신 연구교수 임동욱 선생님께도 감사의 말씀을 전한다.

2019년 7월

김진영 · 이종오

목차

I

지역과 문화 그리고 공간

1. 지역의 개념

'지역'(region)의 사전적 의미는 단순하다. 옥스퍼드 사전에는 하나 또는 여러 개의 유사한 특징을 지니며 고정된 형태가 아닌 지표(surface of the earth)로 표기되어 있다. 어쩌면 인간을 배제하고 지역의 의미를 투출한다면 이와 같은 정의는 적확할 지도 모른다. 그러나 지역의 주인으로서 대대로 그 지역에 살아온 인간을 고려한다면 이러한 물리적 정의로는 그 무한한 가능성, 역사성, 장소성을 모두 다 포함시킬 수는 없을 것이다. 예를 들어, 지리학자에게 지역이라는 것은 지표면에 펼쳐져 있는 공간분석의 도구이다. 지리적 측면에서 지역공간은 형태, 지질, 기후, 사회, 경제, 문화 등 유의미하고 세분화된 항목으로 나누어져 분석할 수 있을 것이다. 반면 건축가에게는 지역이란 풍경과 어우러지는 디자인 도구와 다르지 않다. 건축가는 풍경과 어울리는 건축

디자인을 열망하고 이 속에서 인간의 삶을 보다 진일보한 발전으로 이끌어 가기 위한 거시적 목표를 공유한다. 또한 기업가에게는 무수한 상업적 교류가 일어나고 인적자원을 교환하는 그라운드의 역할로서 지역을 떠올리게 하며, 정치인에게 지역은 봉사와 관리의 수단으로서 정치적 자산, 즉 유권자가 밀집한 클러스터를 의미한다. 이처럼 지역은 다양한 층위에서 다양한 목적과 목표를 함의하는 동시에 일상성의 기본 공간이다. 따라서 국가마다 또는 시대에 따라 지역의 개념은 변화할 수밖에 없으며 그 안에서 이루어지는 인간의 활동 역시 끊임없이 변화한다.

우리나라는 과거 권위주의적 시대에는 지역이라는 특정한 세부 공간보다는 관리의 측면에서 '국가' 또는 '국토'를 강조하였다. 90년대 초반 지자체의 출범과 함께 지방분권화의 바람이 불기 시작하면서 주민에 의해 선출된 지자체장들은 지역 관련 이슈에 과거보다 훨씬 더 민감하게 반응하였다. 거의 매일 지역축제나 지역홍보 관련 뉴스가 언론 매체 한 켠을 차지하고 있다는 점을 상기하게 되면, 지방분권화가 '중앙'에 밀려 존재감을 잃어가던 우리나라의 수많은 '지역'에 생명력을 불어넣은 일등공신이라 해도 과언이 아닐 것이다. 우리나라에서 지역은 앞서 언급한 다양한 인문지리적 요소에도 불구하고 좁게는 가치중립적인 '행정구역'의 의미로 사용되고 있으며, '지방'은 비수도권을 의미하는 용어로 천착되어 주변부를 지칭하는 다소 부정적인 요소를 내포하게 되었고 학문적으로는 향토사학 연구 정도에 활용되고 있을 뿐이다.

2. 지역의 분류

1) 세계지역(global regions)

우리가 살고 있는 지구를 오로지 땅과 바다로만 구분한다면 오대양 육대주 또는 중국처럼 사대양 칠대주로 나눌 수 있을 것이다. 사대양에는 남극해가 빠진 인도양, 대서양, 태평양, 북극해가 포함되며, 칠대주에는 우리가 육대주로 부르는 오세아니아, 아프리카, 아시아, 유럽, 북아메리카, 남아메리카에 남극이 추가된다. 남극을 땅으로 보느냐 바다로 보느냐에 따라 대륙과 바다의 수가 달라지는 것이다. 하지만 이것이 세계의 권역 구분의 유일한 방식은 아니며 적도를 기준으로 남·북반구로도 나눌 수 있고 기후 패턴, 식생 분포 등의 자연적 준거에 의지해 온대, 냉대, 열대, 한대 지역으로 구분하기도 하고, 프랑스어권, 영어권, 아랍어권처럼 언어라는 문화요소로 지역을 나누기도 한다. 나일문명권, 고대 그리스-로마문명권, 황하문명권 등 과거 유럽인들의 관념 속에 있던 유라시아의 지역들도 시대를 뛰어넘어 여전히 메타지역으로 남아있다. 세계지역들은 그 범위를 구분할 때 명확한 공간으로 간주하기보다는 해당 지역민이 공유하는 역사성과 사회적 구성물의 집합체이자 정수(essence)라는 관점에서 정의되고 있다.

따라서 동질성을 전제로 지역을 구분하면 다음과 같은 방식이 가능하다. 첫째는 기후, 지질, 토양 등 지리적 요소로 구분하는 방식이다. 온대, 한대, 열대, 환태평양 화산대, 습곡대, 성대토양, 간대토양 등 다양한 층위를 보여준다. 둘째는 문화적 요소이다. 문화란 인간이 역사 속에서 축적한 의식주, 사회제도, 법령, 언어, 과학, 종교, 가치관 등의 총체적 지식을 의미한다. 지리적으로 아메리카 대륙은 하나로 인식할 수 있겠지만 문화적 요소를 준거로 삼는다면 캐나다, 미국을 중심으로 하는 앵글로 색슨 문화권과 멕시코 이하 국가들을 중심으로 하는 라틴문화권으로 나눌 수 있을 것이다. 마지막으로 이슬람, 기독교, 불교 등과 같은 종교나 영어, 스페인어, 중국어 등과 같은 언어도 강한 정체성을 지니는 문화적 요소로서 명징하게 세계지역을 구분할 수 있는 척도이다.

2) 계획지역(planning region)

계획지역은 경제와 밀접하게 연동되어 있다. 계획이란 어떤 활동의 과정에 앞서 설계하는 것으로, 언제, 어디서, 누구와, 무엇을, 어떻게, 할 것인가라는 업무 수행방법을 결정하는 체계적 활동이다. 다시 말해, 계획이란 시간과 비용을 효율적으로 활용할 수 있게 하는 경제적 수단이다. 그렇다면 계획지역은 무엇인가?

그것은 경제적 결정을 적용하는 지역으로서 이러한 결정들이 경제발전을 위해 정책이나 제도를 통해 재조직된다. 계획지역에는 읍·면·동 또는 시·군·구와 같은 행정구역이나 데이터를 모으고 더 나은 관리를 위해 지정되는 '특구'나 '자유무역지대' 등이 포함된다. 따라서 계획지역의 사회문화적 구조는 다소 동질적이다.

3) 기능지역(functional region)

기능지역은 결절도가 높은 중심부와 그곳으로부터 거리가 멀어질수록 기능이 점진적으로 줄어드는 주변부로 조직된 지역을 가리킨다. 핵심적인 기능은 결절지역에 밀집되어 있다. 주변부는 정치적, 사회적, 경제적 결속력을 지렛대 삼아 핵심부와 연결되어 있는 반면에, 핵심부 중에도 교역로, 방송 네트워크, 인터넷 연결망, 교통수단과 같은 요소들이 강하게 표출되는 곳을 결절지역이라고 지칭한다. 기능지역의 경계는 인프라나 서비스의 발전에 따라 달라지기도 하며, 백화점이나 전철역, 방송국, 학교 등은 기능지역의 핵심부를 결정하는 중요한 요소이다.

4) 등질지역(uniform region)

공통의 특질을 공유하는 지역으로서 언어, 경제 활동, 특정 작물, 기후, 공통의 관습 등 다양한 요소가 포함된다. 예를 들어, 강원도 정선, 영월, 태백, 사북 등은 탄광이라는 산업적 요소를 공유하는 등질지역이며 미국의 주(州) 중 캘리포니아, 애리조나, 텍사스, 뉴멕시코, 플로리다는 '선벨트 지역'(sunbelt states), 즉 연중 일조량이 많아 '햇볕'이라는 등질 요소로 구분되는 등질지역이다.

5) 군사지역(military region)

군사력이 특정 지역을 담당하면서 형성된 지역으로 군사적 임무보다는 행정과 더 밀접하다. 남북화해 분위기가 무르익고 있지만 아직 군사대치 상황을 종식하지 못한 우리나라의 경우 접경지역을 법률로 정하여 지정하고 있다. 일반적으로 접경지역이란 국가 간 경계가 서로 맞닿은 국경지역 또는 국경에 인접한 지역을 의미한다. 「접경지역 지원 특별법」에 의하면 1953년 체결된 「군사정전에 관한 협정」에 따라 설치된 비무장지대 또는 해상의 북방한계선과 잇닿아 있는 시·군과 「군사기지 및 군사시설 보호법」에 따른 민간인통제선 이남(以南) 지역 중 민간인통제선과의 거리 및 지리적 여건 등을 기준으로 하여 대통령령으로 정하는 시·군을 말한다. 다만, 비무장지대는 제외하되 비무장지대 내 집단취락지역이 접경지역에 포함된다. 통상 접경지역이란 군사분계선에서 남쪽으로 민간인통제선 이남 25㎞에 이르는 지역을 지칭하며, 강원도 접경지역은 군사분계선을 접하고 있는 다섯 개 군(철원, 화천, 양구, 인제, 고성)의 북쪽지역을 지칭한다. 현재는 SOC 부족과 인구 감소, 그리고 각종 규제로 인해 토지 이용도가 저조하고 주민들의 생활여건 또한 열악하지만 장차 통일한국의 경제적·사회적 중추지대로의 성장잠재력을 보유하고 있다.

6) 비무장지대(DMZ, demilitarized zones)

국토환경정보센터에 따르면, 비무장지대란 휴정협정이후 남북 간 직접적 충돌을 방지하기 위해 일정 간격을 두도록 한 완충지대를 말한다. 즉, 군사적 비무장지대로서 이 곳에서는 휴전에 따른 군사적 직접 충돌을 방지할 목적으로 남북 상호 간에 일정 거리가 유지되고 있다. 원칙적으로 비무장지대에서는 새로이 군대의 주둔이나 무기의 배치, 군사시설의 설치가 금지되며, 이미 설치된 군대와 관련 시설은 철수 또는 철거하여야 한다. 한반도에서의 DMZ는 1950년-1953년 진행된 한국전쟁의 정전협정에 의해 성립되었다. 이 협정의 제1조[군사분계선과 비무장지대] 1항에는 한 개의 군사분계선을 확정하고 쌍방이 이 선으로부터 각기 2㎞씩 후퇴하며 그 속에서는 무장을 금지토록 하는 비무장지대 설치 규정이 마련되어 있다. DMZ는 인간의 간섭과 발길이 끊기면서 새로운 녹색지대로 변모하였고 밀렵과 각종 개발사업으로 삶의 터전을 빼앗긴 많은 야생동식물들의 마지막 피난처가 되었다.

2000년 6.15 남북 정상회담이후 절망의 땅 DMZ가 새로운 희망의 땅으로 새롭게 부상하고 있다. 천연기념물 205호이자 환경부 지정 멸종위기종 1급인 저어새는 여름 철새로 거의 대부분이 한국을 고향으로 DMZ 인근의 서해 무인도 등지에서 번식한다. 비무장지대인 고성 고진동계곡과 인제 사철리 지역에서는 태고의 신비한 모습을 그대로 간직하고 있는 '살아있는 자연의 화석'이라 불리는 '산양'(천연기념물 217호)이 무리를 지어 서식하고 있다. DMZ 습지는 민간인 출입이 금지된 채 반세기가 넘는 분단의 세월을 지나는 동안 고라니와 왜가리를 비롯한 각종 희귀 동식물이 서식하는 자연의 풍요로움을 선사하고 있다. 또한 남북으로 각각 5킬로미터, 7억평 규모의 민간인통제선 지역은 준 녹색지대를 형성해 귀중한 야생동식물의 삶의 터전이 되었다. 이 지역에는 금강초롱 등 10여 종의 한국 특산식물을 포함해 1천여 종의 식물이 분포돼 있는 것으로 조사됐다. 특히 남방계와 북방계 식물의 이동 통로로 기능하는 백두대간의 비무장지대 동부지역은 종 다양성이 풍부해 우리나라 자연생태계를 대표할 만하다는 것이 전문가들의 공통된 견해이다.[1)]

DMZ는 우리나라뿐만 아니라 이라크와 쿠웨이트 접경 190km에도 설정되어 있으며 1959년 남극조약은 연구와 탐사를 목적으로 남극에 DMZ를 두어 생태자원을 보호할 것을 결의한 바 있다. 그 외 베트남, 사이프러스, 시나이반도, 수단 등지에도 DMZ가 설정되어 있다.

7) 천연자원지역(natural resource region)

천연자원은 종종 특정 지역에 집중 분포한다. 예를 들면, 이라크의 루마일라(Rumaila)에는 유전이, 미국의 펜실베이니아 및 영국 사우스웨일즈(South Wales)에는 석탄, 우크라이나의 크리프바스(Kryvbas)에는 철이 대량으로 매장되어 채굴되고 있다. 천연자원지역은 환경지리학의 필수 요소로서 자원의 유·무가 산업

1) 국토환경정보센터, '국토환경테마정보' 발췌, http://www.neins.go.kr/etr/ecology/doc04f.asp 검색일자: 2018년 12월 10일.

독일 보훔(Bochum) 소재 세계 최대 탄광박물관.
(출처: German Mining Museum www.bergbaumuseum.de)

으로 연결된다는 점을 고려하면 인문지리나 경제지리학적 측면에서도 중요하게 다루어진다. 예를 들어, 탄광지역은 과거 지형적 특성만 부각되었으나 이 지역의 개발은 종종 경제·문화 지역으로 치환되기도 한다. 우리나라의 영월, 정선, 태백이나 독일 에센주의 루어(Ruhr)는 이제 탄광보다는 문화와 레저, 축제가 있는 장소로 탈바꿈하고 있다.

8) 종교지역(religious regions)

기독교가 강력한 세력을 형성한 시기에는 정치·사회적 측면에서 기독교국가를 의미하는 Christendom이라는 용어가 사용되었다. 이에 대한 대척점에는 무슬림 월드(Muslim World)가 있다. 이 용어들은 실제 물리적인 경계를 묘사하기에는 대단히 모호하다. 그럼에도 불구하고 로마 가톨릭, 성공회, 동방정교 등 일부 종교들은 종교적으로 지역을 분할·설정하고 있는데, 교구(diocese),

대교구(eparch), 관구(ecclesiastical province), 행정교구(parish) 등이 그것이다. 미국의 예를 들어 보면, 미 전역은 32개의 로마 가톨릭 관구로 이루어지며, 루터교회(Lutheran Church) 미주리시노드(Missouri Synod)는 33개의 교구를 운영하고 있고 이 교구는 다시 작은 조직의 순회(circuit)로 세분화되어 있다. 예수 그리스도 후기 성도교회(Church of Jesus Christ of Latter-day Saints)는 가톨릭과 유사한 방식의 교구를 운영하지만 '구(ward)'와 모르몬교에서 사용하는 용어와 같은 '교구(stake)'라는 명칭을 사용한다.

9) 관광지역(tourism region)

주5일제 근무, 고속철도, 고속도로 개통, 전반적 생활수준의 향상 등으로 관광산업은 확대일로에 있다. 이러한 맥락에서 관광객의 유입을 목적으로 형성되어 있는 지역이나 뛰어난 생태자원을 기반으로 자연스럽게 관광객의 발길이 이어지는 지역을 관광지역이라고 한다. 우리나라의 제주도 한라산국립공원, 영국의 호수 지방(Lake District), 뉴질랜드의 피요르드랜드(Fiordland), 탄자니아의 세렝게티국립공원(Serengeti National Park), 프랑스의 루아 밸리(Loire Valley) 등이 이에 해당한다. 우리나라는 1993년 관광진흥법을 도입하면서 국제적 관광거점지역을 육성하기 위해 관광특구를 지정하기 시작하였다. 관광특구는 '외국인 관광객의 유치·촉진을 위하여 관광활동과 관련한 관계법령의 적용을 배제하거나 완화하고 서비스, 안내체계 및 홍보 등 관광여건을 집중적으로 조성할 필요가 있는 지역'으로 정의한다. 관광자원과 인프라를

제주도 한라산국립공원 (출처: 제주도청 www.jeju.go.kr)

갖추고 있어 상대적으로 정비가 수월한 지역이 선정되고 있다.

10) 낙후지역(backward area)

국토공간에서 한 지역이 다른 지역에 비해 사회나 문화 및 경제면에서 뒤쳐져 있을 때 이를 낙후지역이라 부른다. 낙후지역은 자연적으로 발생할 수 있으며, 인위적이고 정책적인 조건에 의해서도 나타날 수 있고, 시장경제 메커니즘(mechanism)에 의해 경쟁력을 잃게 될 때에도 생겨나게 된다. 따라서 낙후지역은 선진국이든 후진국이든 국가의 발전 정도와는 관계없이 지역적 편차를 두고 발생하게 된다. 낙후지역은 선진지역 또는 발전지역에 대한 반대개념으로 사용된다. 국가적 차원에서 낙후지역은 국토의 균형 발전에 부정적으로 작용하기 때문에 정부에서는 지역개발계획을 세워 낙후지역을 특별관리하고 있다. 국토건설종합계획법에 의해 낙후지역은 '특정지역'으로 지정되어 집중적 개발계획이 수립되고 있다.[2] 국가법령센터에서 낙후지역이란 「국가균형발전 특별법」 제2조 제6호에 따른 성장촉진지역 및 같은 조 제7호에 따른 특수상황지역을 지칭한다. "특수상황지역"이란 남북의 분단상황 또는 지리적·사회적으로 불리한 환경에 놓이게 되어 일정기간 동안 관계 중앙행정기관에 의한 행정지원 등 특수한 지원조치가 필요한 지역으로서 「접경지역 지원 특별법」 제2조 제1호에 따른 접경지역이나 「도서개발 촉진법」 제4조 제1항에 따른 개

2) 한국지방자치학회 편저, 『지방자치사전』, 보성각 2010.

발대상도서를 의미한다. 그 밖에 위에 준하는 지역으로서 대통령령으로 정하는 지역 등을 말한다.

11) 녹지지역(green area)

녹지지역은 도시 내 주민들의 정서생활과 문화생활을 위해 필요한 지역으로서 건축물이 없는 영속적인 공지(空地)를 의미한다. 이 개념 속에서는 공원광장, 묘지, 산책로, 농원, 유원지, 차단녹지, 도시림, 풍치지구, 문화재, 사적, 명승지, 천연기념물, 자연보호지 등이 포함된다. 녹지지역은 경관적인 측면, 환경보전의 측면에서도 필요하다. 열섬을 방지하고 온·습도와 홍수를 조절함으로써 도시환경을 쾌적하게 유지한다. 화재방지, 붕괴방지, 연소방지뿐만 아니라 놀이나 휴식의 목적으로도 기능하기 때문에 그 중요성은 날로 증대하고 있다.

12) 정치지역(political regions)

정부와 정치 지형을 의미하는 용어로서 EU, 영연방, 국가, 령, 주(state), 타운십, 카운티, 우리나라의 시·군·구와 도 등이 있다. 다양한 층위의 정치적 단위를 지칭한다.

13) 행정지역 또는 행정구역(administrative regions)

법률용어로서 행정구역은 행정권발동의 지역적 관할을 가리킨다. 이것은 국가행정, 즉 관치행정에서도 중요하지만, 특히 행정학에서는 자치단체의 영역과 관련하여 중요시되고 있다. 우리나라의 지방자치단체에는 서울특별시, 광역시·도 및 시·군·구 등이 있는데, 이러한 단체를 설정하는 데에는 적정규모의 원칙에 의거한다. 즉, 공동사회, 행정량, 재원, 행정의 편의 등 네 가지 조건이 구비되어야 한다. 현재 우리나라의 행정구역은 특별시(하위 행정구역: 자치구) 1개, 광역시(자치구, 군) 6개, 도(자치시와 군) 8개, 특별자치시 1개, 특별자치도 1개로, 총 17개의 광역자치단체로 구성되어 있으며, 하위행정구역(시·군·구)은 기초자치단체로 분류하여 75개의 시, 83개 군, 69개 구로, 총 227개로 나누어져 있다. 우리나라의 행정체계는 주로 인구로 정해지는데, 읍은 2만 명 이상, 시는 5만 명 이상, 광역시의 경우 100만 명 이상을 필요로 한다. 일반적으로 자치시의 인구가 100만 명 이상이거나, 인접 시·군과 통합하는 행정구역으로 기초자치단체 단위의 인구가 100만 명이 넘게 되면 광역시로의 승격이 거론되기도 하지만 인구분산, 지역균형 발전 등의 이유로 단순히 인구에 기반한 광역시로의 승격은 현실적으로 어렵다. 지방자치법 제7조에 따르면, 시 승격의 경우 다음과 같은 조건을 갖추어야 한다.

① 지역내 관할지역 대부분이 도시의 형태를 갖추고 인구 5만 이상이 되어야 한다.

② 다음 각 호의 어느 하나에 해당하는 지역은 도농(都農) 복합형태의 시로 할 수 있다.

가. 제1항에 따라 설치된 시와 군을 통합한 지역

나. 인구 5만 이상의 도시 형태를 갖춘 지역이 있는 군

다. 인구 2만 이상의 도시 형태를 갖춘 2개 이상의 지역의 인구가 5만 이상인 군. 이 경우 군의 인구가 15만 이상으로서 대통령령으로 정하는 요건을 갖추어야 한다.

라. 국가의 정책으로 인하여 도시가 형성되고, 제115조에 따라 도의 출장소가 설치된 지역으로서 그 지역의 인구가 3만 이상이고, 인구 15만 이상의 도농 복합형태의 시의 일부인 지역

③ 읍은 도시의 형태를 갖추고 인구 2만 이상이 되어야 한다.

따라서 단순히 적정인구로 시나 광역시로 승격이 가능하다기보다는 인구는 최소한의 요건이며 정치적, 경제적, 사회적 여건이 적지 않은 영향을 미친다.

작은 규모의 지자체들이 관내 인구를 늘리는 데 관심을 갖는 것은 지방의 열악한 재정자립도와도 관련이 깊다. 재정자립도는 지자체가 독자적으로 복지, 건설, 정비 등 관내 지역민과 지역에 사용할 수 있는 예산을 원활하게 집행할 능력을 예측할 수 있는 지표이다. 우리나라는 70년대 이후 이촌향도현상이 지속적으로 이어져왔으며, 고령화 사회가 심화되면서 조세수입의 주력인 생산가능인구가 감소하고 있다. 이는 가뜩이나 낮은 지방의 재정자립도에 영향을 미치며 재정의 악순환을 만들어내고 있다. 2018년 전국 광역시도별 평균 재정자립도는 서울 84.3%, 경기도 69.9%, 세종 69%, 인천 67%, 울산 66%, 부산 58%의 순이다. 반면 전남도는 16%에 그쳐 전국 지자체간 재정자립도는 편차가 극심한 것으로 나타났다. 이에 따라 일부 지자체는 세금으로 인건비도 해결하지

못할 정도의 재정 상황에 부딪치고 있으며 지방분권시대의 가치가 무색하게도 중앙정부에 의존하는 현상이 심화되고 있다.

14) 인지문화지역(vernacular culture regions)

특정하기 가장 어려운 지역의 한 종류로 지역민들이 공유하는 기억이나 가치, 장소성을 바탕으로 설정되며 토착지역이라고 불리기도 한다. 특정 지역과 관련한 고정관념이나 인상, 관점이 지역 설정에 개입된다. 흔히 딕시랜드(Dixieland)라고 통틀어 이르는 미국 남부지역이 컨트리 음악, 시골, 보수 등을 아우르는 인지문화지역이라 할 수 있다.

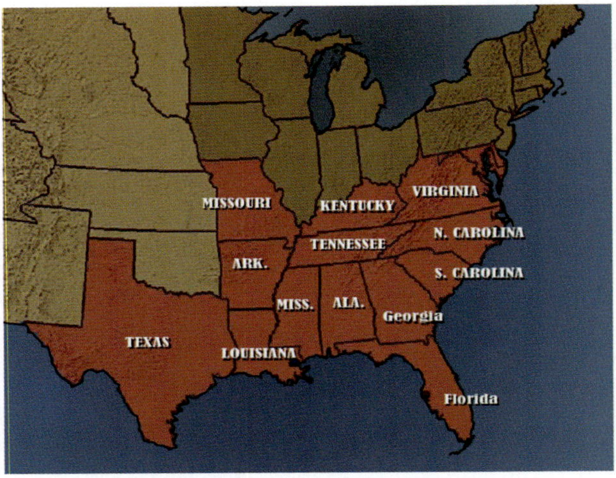

딕시랜드(옛 남부연맹지역) (출처: www.nationstates.net)

3. 지역문화

지역문화의 정의를 투출하기 위해서는 상위의 개념인 문화를 살펴볼 필요가 있다. 문화(culture)는 라틴어로 '경작하다'를 뜻하는 '쿨트라'(cultra)에서 유래한다는 설이 가장 보편적이지만, 어원이 되는 동사 colo가 정신, 마음, 영혼을 의미하는 animus, 즉 특성(character)에서 유래했다는 주장도 있다. 이를 종합해 보면 문화는 농부가 작물을 가꾸고 기르듯 인간을 교육하고 교양을 기르는 것을 통해 보다 개선된 삶을 영위하게끔 하는 일련의 행동 양식이라고 추정할 수 있다. 문화를 정의할 때 가장 많이 인용되는 타일러(E.Tyler, 1832-1917)의 주장처럼 문화는 인간이 축적한 총체적인 지식이자 자연환경을 변화시키고 본능을 적절히 조절하여 만들어낸 생활양식과 그에 따른 산물이다. 유네스코(UNESCO)의 정의 역시 크게 다르지 않다. '문화는 사회와 집단

의 정신적, 물질적, 사상적 그리고 감정적 특징의 제도체이며 문화는 예술과 문학을 비롯하여 생존방식, 집단적 생활의 방법, 가치체계, 전통 그리고 신앙을 포함한다.' 일반적으로 문화는 인간이 생산한 모든 유·무형의 체계를 지칭한다. 한국문화관광연구원은 관념에서 한 걸음 더 나아가 문화와 지역활성화의 연관성에 주목한다. 지역적 특수성으로 말미암아 지역주민의 자긍심과 애향심 및 일체감과 주민 통합을 유발하고, 지역주민의 자발성과 참여의식 및 창의성과 자주성을 함양함으로써 지역사회 발전의 활력소로 지역문화를 규정한다.

그렇다면 지역문화는 지역이라는 특정한 공간을 거점으로 삶을 영위하는 주민들에 의해 발전, 보전, 공유되는 문화적 산물로 귀결된다. 즉, 지역문화는 지역을 터전으로 하는 주민들의 가치관, 동질성, 연대성을 표현하는 기본 토대로서, 장시간에 걸쳐 서서히 지역에 뿌리내리는 총체적 생활양식 및 지식이라 할 수 있다. 지역문화는 따라서 그 지역의 정체성이자 문화적 정수로서 시기나 상황에 따라 긍정적 또는 부정적 요소로도 작용하며 정치, 사회, 경제와 긴밀하게 연동한다. 우리나라가 행정수도를 옮기면서 조용한 농촌마을이었던 충남 연기군의 지역문화가 도시형 문화로 바뀐 것이나 오랜 내전으로 인해 난민이 대량으로 발생하고 지역민의 삶이 피폐해질 대로 피폐해져 지역문화의 생존 자체가 위협받고 있는 시리아나 북부 아프리카 지역 역시 정치적 요소가 지역문화에 영향을 미친 사례이다. 영국의 글래스고(Glasgow), 게이츠헤드(Gateshead) 등 산업구조가 변하면서 쇠락한 지역이 문화예술

세종시 개발 전후(출처: 세종시 www.sejong.go.kr)

을 발판으로 도시재생을 통해 재탄생하는 것 등은 경제적 요소가 지역문화를 바꾸어 놓은 사례라고 할 것이다.

지역문화는 지역성뿐만 아니라 공동체성 및 가상공간까지 포함하는 포괄적 범위에서 접근할 수 있으며, 인간만이 문화를 향유하기 때문에 지역문화 관련 많은 연구와 실제들은 공통적으로 해당 지역 주민이 주체가 되어야 한다고 명시하고 있다. 따라서 역사성, 문화의 동질성, 공동체 의식을 결여한 '달(moon) 지역문화'와 같은 진술은 성립하지 않는다.

4. 문화자원

문화자원은 과거 인간의 활동이 남아있는 물리적 증거물, 즉 물체, 풍경, 구조물 또는 인간이 전통적으로 관련성을 가지고 있는 자연환경을 포함한 장소라 할 수 있다. 광의적이고 다층적인 개념인 문화와 마찬가지로 문화자원 역시 한마디로 정의하기 어렵지만 자원의 사전적 의미[3)]나 문화기본법 제3조[4)]를 근거로, 문화적 터전에서 인간 생활 및 생산에 활용될 가능성을 가진 유·무형의 총체(인간 활동의 증거물)를 문화자원으로 정의하는 데에는 큰 무

3) 국립국어원 표준국어대사전, '인간 생활 및 경제 생산에 이용되는 원료로서의 광물, 산림, 수산물 따위를 통틀어 이르는 말' 또는 인간 생활 및 경제 생산에 이용되는 노동력이나 기술 따위를 통틀어 이르는 말. http://stdweb2.korean.go.kr/search/View.jsp, 검색일자: 2018년 12월 20일.

4) 이 법에서 "문화"란 문화예술, 생활 양식, 공동체적 삶의 방식, 가치 체계, 전통 및 신념 등을 포함하는 사회나 사회 구성원의 고유한 정신적·물질적·지적·감성적 특성의 총체를 말한다.

리가 없어 보인다. 인간의 활동이 복잡해지고 중층적인 네트워크로 진화하면서 문화자원의 범위는 확장하는 추세이다. 전통적으로 대표적인 문화자원으로 간주해온 역사문화자원 및 예술문화자원뿐만 아니라 지역의 이미지, 자연경관, 산업단지 등 대중적이고 일상적인 영역까지도 문화자원으로 포함하고 있다. 문화자원을 큰 틀에서 분류하면, 다음과 같이 문화예술영역, 사회적 영역, 생태적 영역으로 구분할 수 있다.

<표 1> 문화자원의 범위 (아시아문화정보원 참조)

대분류	중분류	내용
문화예술	역사문화자원	유·무형 문화재
	예술문화자원	전시, 공연
	생활문화자원	문화활동
사회	사회문화자원	축제, 이미지제고활동, 스포츠행사
	경제문화자원	경제활동자원
생태	자연자원	경관자원, 생태자원, 환경자원

관광분야나 향토연구 분야에서는 문화자원을 각각 관광자원과 향토문화자원의 일부로 보기도 한다.

문화자원은 왜 중요할까?

독도 문제에서 볼 수 있듯이 무언의 역사는 종종 실체적인 기록문화자원을 통해 수천 마디 이상의 말을 하기도 한다. 즉, 유·무형의 문화자원은 역사를 비추는 거울이면서 동시에 역사를 만들어 가는 가장 훌륭한 기제이다. 개인이나 집단, 나아가 국가의 진정한 발전은 새로운 체계와 함께 역사적 발전을 이루어 나가고 과거와 현재를 균형 있게 조화시키는 데에서 출발한다. 테크놀로지의 발달로 눈 깜짝할 사이에 수많은 가치들이 생성되고 순식간에 소멸하는 과정을 반복하고 있다. 미래세대가 경쟁력을 갖추고 성장하기 위해서는 무한한 정보를 취사선택할 수 있는 능력이 뒷받침되어야 한다. 미래를 예측하기 위해서는 과거의 뿌리에 대한 이해가 전제되어야 함은 자명한 이치이다. 현세대의 지식을 먼 훗날 미래세대가 적소에 활용할 수 있도록 문화자원을 보존하고 교육을 통해 그것을 전승하는 것이 우리가 해야 할 후세를 위한 첫걸음이다.

5. 문화재, 문화유산, 문화콘텐츠, 문화산업

1) 문화재

문화재의 사전적 정의는 '문화 활동에 의하여 창조되어 그 가치가 높다고 인정되는 유형·무형의 축적물을 통틀어 이르는 말'로서 문화재 보호법이 정하는 유형문화재, 무형문화재, 민속문화재, 인간문화재, 기념물, 전통적 건조물 등으로 규정한다. 다시 말해, 포괄적 의미의 문화자원에 비해 문화재는 구전(口傳), 음악, 민속, 법, 습관, 생활양식 등 인종적 또는 국민적 체질의 본질을 표현하는 일체의 것을 포함한다. 한국민족문화대백과사전에 따르면, 지나치게 광의적인 문화재의 개념보다는 '문화유산'이라는 말이 더 많이 쓰이며 개인이든, 국가든 소유자의 전유물이 될 수 없다. 문화유산이 관련되어있는 문화의 중심지가 국경선과 항상 일치하는 것은 아니기 때문이다. 1962년 제정된 '문화재보호법'에는 문화재를 다음과 같이 네 가지로 분류한다.

① 유형 문화재: 건축물, 전적, 서적, 고문서, 회화, 조각, 공예품 등 유형의 문화적 소산으로서 역사상 또는 예술상 가치가 큰 것과 이에 준하는 고고 자료.
② 무형 문화재: 연극, 음악, 무용, 공예, 기술 등 무형의 문화적 소산으로서 역사상 또는 예술상 가치가 큰 것.
③ 기념물: 패총, 고분, 성지, 궁지, 요지, 유물 포함층 등의 사적지로서 역사상·학술상 가치가 큰 것과 명승지로서 예술상·관상상 가치가 큰 것. 그리고 동물(서식지, 번식지, 도래지 포함), 식물(자생지 포함), 광물, 동굴로서 학술상 가치가 큰 것.
④ 민속자료 : 의식주, 생업, 신앙, 연중행사 등에 관한 풍속, 습관과 이에 사용되는 의복, 기구, 가구 등으로 국민 생활의 추이를 이해함에 불가결한 것으로 되어 있다.

문화재의 보전과 관리는 주로 문화재관리국에서 담당하는데, 복원, 복구, 무형문화재 전승 교육, 보존과학과 기술의 활용 등의 업무를 맡고 있다.

2) 문화유산

우리는 조상으로부터 모든 삶의 원형을 물려받아 지금까지 살아오고 있으며, 따라서 이 자신을 후손에게 물려주어야 하는 것은 자명하다. 유산의 형태는 다양하다. 아프리카 탄자니아의 세렝게티 평원에서부터 이집트의 피라미드, 호주의 산호초와 남미 대륙의 마야유적지에 이르기까지 그 모두가 인류의 유산이다. '세계유산'이라는 특별한 개념이 나타난 것은 이 유산들이 특정 소재지와 상관없이 모든 인류에게 속하는 보편적 가치를 지니고 있기 때문이다.

유네스코는 이러한 인류 보편적 가치를 지닌 문화유산 및 자연유산을 발굴, 보호, 보존코자 1972년 세계문화 및 자연유산 보호 협약(Convention concerning the Protection of the World Cultural and Natural Heritage. 약칭 '세계유산협약')을 채택하였다. 유네스코는 세계유산의 구분과 정의를 다음과 같이 하고 있다.

• 문화유산

- 기념물: 건축물의 기념적 의의를 지닌 조각 및 회화작품(동굴 주거 및 명문 포함)과 고고학상, 역사상, 미술상 또는 과학상 특별한 가치를 가지고 있는 요소, 요소군 또는 구조물인 것
- 건조물군: 독립적이거나 연속 건조물군으로 그 건축물이 균질성 또는 풍경 내에 있는 위치에 의거하여 역사상, 미술상 또는 과학상 특별한 가치를 가지고 있는 것
- 유적지: 지정학상의 구역으로, 인공미와 자연미의 결합으로 그 미관에 의거하여 또는 과학상, 역사상, 민족학상 또는 인류학상 특별한 가치를 가지고 있는 것

• 자연유산

- 무기적 및 생물학적 생성물 또는 생성군으로 이루어져 있는 자연물로 관상상 또는 과학상 특별한 가치를 가지고 있는 것
- 지질학적 및 지문학(地文學)적 생성물 또는 희귀한 동물 및 식물 등의 생식지 및 자생지가 명확히 한정되어있는 구역으로 과학상 또는 보존상 특별한 가치를 가지고 있는 것
- 자연구 또는 명확히 한정되어 있는 자연의 구역으로 과학상, 보존상 또는 자연경관상 또 는 인공과 자연의 결합적 소산으로 특별한 가치가 있는 것

유네스코는 1970년대 문화유산을 문화재(cultural properties)로 정의한 이후 1995년까지는 사물(object)로 정의했다. 문화유산(cultural heritages)이라는 국제적 합의는 불과 10년 밖에 되지 않는다.

문화유산과 문화재는 유사한 용어이기는 하지만 우리나라와 일본만이 '문화재'라는 용어를 사용하고 있으며 중국은 '문물'(文物), 북한은 '문화유물'이라는 용어로 대체하여 사용하고 있다. 현재 전 세계적으로 보면 '문화유산'이라는 말이 널리 쓰이며, 유네스코의 세계유산의 분류에서 문화유산은 유형문화재와 기념물만을 포함한다. 반면 '문화재'는 무형문화재와 민속자료를 모두 아우르고 있다는 점에서 차이가 있다.

3) 문화콘텐츠

문화콘텐츠에 관한 학문적 논의는 2000년대 초반부터 시작되

었으나 여전히 학자마다, 관련단체마다 내세우는 정의는 다양하다. 문화의 다양한 속성을 고려하면 당연한 현상일지 모른다. 그럼에도 불구하고 문화콘텐츠의 출현은 인문학의 쇠락과도 연관되며 산업적, 정책적 필요에 의해 비롯되었다는 점에는 이견이 거의 없는 듯하다. 관념적인 문화담론만으로는 현대 산업구조의 큰 부분을 차지하는 문화산업을 지탱하기 어렵고 인문학은 기술을 바탕으로 한 수많은 문화적 요소들을 구현하기 불가능하며 공학만으로는 보다 인간 친화적 측면에서 다양한 인간의 욕구를 충족시키기에는 한계가 있다. 문화콘텐츠는 이러한 다양한 담론을 통합하여 탄생한 학문이라 해도 과언이 아닐 것이다. 어원학적 논쟁을 배제하면, 문화콘텐츠는 단순히 문화와 내용물이라는 뜻의 합성어로서 다양한 분야의 문화산업을 포괄적으로 담지하며 인문학적 가치를 존중한다. 따라서 문화콘텐츠는 인간 친화적이며 미학적이다. 문화콘텐츠의 확산에는 TV, 출판물, 게임, 영화 등 대중적인 미디어가 깊이 관여한다.

문화콘텐츠 산업(cultural content industry)은 한국에서 주로 사용하는 용어로, 현행 「문화산업진흥기본법」 정의에 따르면, '문화산업'이란 '문화상품의 기획, 개발, 제작, 생산, 유통, 소비 등과 이에 관련된 서비스를 하는 산업'을 의미하며, 다음과 같은 산업을 통칭한다.

- 영화 또는 비디오물과 관련된 산업
- 음악 또는 게임과 관련된 산업

- 출판, 인쇄, 정기간행물과 관련된 산업
- 방송영상물과 관련된 산업
- 문화재와 관련된 산업
- 만화, 캐릭터, 애니메이션, 에듀테인먼트, 모바일문화콘텐츠, 디자인(산업디자인 제외), 광고, 공연, 미술품, 공예품과 관련된 산업
- 디지털문화콘텐츠, 사용자제작문화콘텐츠 및 멀티미디어문화콘텐츠의 수집, 가공, 개발, 제작, 생산, 저장, 검색, 유통 등과 이에 관련된 서비스를 하는 산업
- 대중문화예술 산업
- 전통적인 소재와 기법을 활용하여 상품의 생산과 유통이 이루어지는 산업으로서 의상, 조형물, 장식용품, 소품 및 생활용품 등과 관련된 산업
- 문화상품을 대상으로 하는 전시회, 박람회, 견본시장 및 축제 등과 관련된 산업. 다만, 「전시산업발전법」 제2조 제2호의 전시회, 박람회, 견본시장과 관련된 산업은 제외
- 이상의 규정에 해당하는 각 문화산업 중 둘 이상이 혼합된 산업

여기서 '문화상품'이란 '예술성, 창의성, 오락성, 여가성, 대중성(문화적 요소)이 체화되어 경제적 부가가치를 창출하는 유형·무형의 재화(문화콘텐츠, 디지털문화콘텐츠 및 멀티미디어문화콘텐츠 포함)와 그 서비스 및 이들의 복합체'를 의미하며, '문화콘텐츠산업'이란 이러한 문화적 요소가 체화된 콘텐츠를 기반으로 하는 산업으로 정의된다. 이처럼 법적으로는 다소 다르게 규정되지만

문화콘텐츠 산업은 문화산업, 콘텐츠 산업과 사실상 유사한 의미와 영역을 포괄하며, 온오프라인 미디어의 내용물(콘텐츠)을 기획, 제작, 유통함으로써 경제적 가치를 창출하는 산업 단위를 지칭한다.[5] 포괄적 의미의 문화콘텐츠산업은 "문화적 가치가 내포된 상품을 기획, 제작, 가공하여 생산하거나 유통, 마케팅 및 소비과정에 참여하여 경제적 부가가치를 창출하거나, 이를 지원하는 모든 연관 산업"이라고 정의할 수 있다. 국가별로 문화콘텐츠 또는 콘텐츠산업에 개념이 정립되어 있지 않아 비교가 어려우나, 광의적 측면에서 미국은 정보산업(information industry) 및 연예산업(entertainment industry), 영국은 창의산업(creative industry), 일본은 콘텐츠산업(contents industry), 중국은 창의산업(創意産業) 등에 포함시키고 있다.[6]

4) 문화산업

문화산업에 대한 아도르노(Theodor W. Adorno)나 호르크하이머(Max Horkheimer) 등 프랑크푸르트학파의 부정적인 시각과는 별개로 문화는 한류의 확산에서 볼 수 있듯이 대량생산, 대량소비의 시대로 접어들었다. 기술의 발전, 경제적 풍요에 따른 시민계급의 확장, 자본의 속성 등은 문화를 과거의 고상하고 비물질적 자산으로 남겨두지 않았다. 문화는 어느덧 산업으로 분류되

5) 대한무역투자진흥공사(KOTRA), 「Invest Korea」, 문화콘텐츠, 2014, p.4.
6) 임명환, 「문화콘텐츠 산업의 동향과 전망 및 기술혁신 전략」, 『한국전자통신연구원』, 2009, pp.44-45.

어 국가의 경제정책을 좌우하는 중요한 위치를 차지하게 되었다. 문화의 지나친 상품화, 도구화, 획일화에 대한 우려에도 불구하고 부존자원이 부재한 우리나라에서는 문화산업을 경제학적 관점에서 실증적으로 바라보려는 경향이 팽배하다. 따라서 산업으로서의 기반이 약한 문화산업 부문을 활성화하고 국제 경쟁력을 키울 수 있도록 국가정책과 전략 차원의 문화산업 육성을 주장하는 목소리가 힘을 얻고 있다.

II
문화지리와 환경

1. 문화지리

문화지리학은 자민족 정체성을 특징으로 하는 다양한 문화를 이해하고 환경문제의 해결에 일조하는 관점에서 인간과 환경과의 관계를 고찰하는 학문이다. 또한 이 학문 분야는 정보화 시대의 견인 학문으로 정보의 문화적, 지역적, 환경적 의미를 파악하는 데 도움을 준다. 문화지리학은 다양한 인간의 생활을 공감하고 스스로의 문화를 재발견하며 자신의 가치를 추구하는 데 도움을 줄 수 있다.[1] 문화지리가 다루는 것은 인간이 장소에 남긴 표식, 흔적 등 형이하학적 측면뿐만 아니라 관념, 사상 등 여러 비물질적 흔적들에도 주목한다. 문화지리는 장소가 인간의 의미와 정체성을 형성하는 기초라 전제한다. 문화와 지리학의 조우는 짧

1) 이영희, 「권하는 책: 문화지리학입문」, 『건축 42권 10호』, 1998, pp.54-56.

지 않은 역사를 지니는데, 지리학적 콘텍스트는 지리학의 주요관심사인 '경관'으로 귀결된다. 특히 문화경관은 자연 속에서 인간과의 상호작용으로 탄생하고 변화하여 문화화된 경관을 말한다. 문화경관은 경관에 과거의 삶이 기록되고 그 기록이 오랫동안 보존되어 후대에 전해진다는 점에서 문화적 가치를 지닌 문화유산으로 규정되고 있다.[2] 지리학에서 문화경관은 개인, 가족, 커뮤니티의 사회적 또는 문화적 태도를 통해, 사람들의 일상의 물리적, 생물학적, 문화적 특성을 반영한 경관으로 보는데, 이는 사회학의 영역으로까지 경관의 관점을 확장한 것이다.[3]

문화지리학의 대부로 알려진 칼 소이어(Carl Ortwin Sauer, 1889-1975)가 학문적 전문용어로 처음 사용한 문화경관은 인간과 자연과의 상호작용의 산물이라는 특성을 반영한다. 문화경관은 다음과 같이 세부적으로 분류할 수 있다.

- 언어경관: 지표 경관을 구성하는 문자나 문장 등의 가시적 형태로 나타난다. 예) 지명, 도시의 선전 광고물, 도로의 표지판, 상점의 간판 등
- 종교경관: 특정 종교의 이념, 사상, 세계관 등이 반영된다. 예) 종교 성지, 종교 건축물, 의식주 문화 등

---

2) 강성중, 「문화경관개념에 기초한 공공디자인 방향 연구」, 『한국디자인문화학회지』, 24권 제1호, 2018, p.18.
3) 위의 글, p.19.

- 산업경관: 인간의 산업활동에 의해 나타나는 경관이다. 예) 노천 광산, 공장 건물, 은행 건물, 다리 등
- 심상경관: 비물질적 이상향을 추구하는 상상의 경관으로 봉황숲, 무릉도원 등을 심상경관으로 구조화한 차경 기법 등을 예로 들 수 있다.

2. 문화와 생태환경

문화지리가 환경이나 지역에 따라 달리 나타나는 문화현상에 주목하는 학문이라면 문화생태학은 유기체의 생태환경에 대한 적응을 고찰하는 학문으로 1950년대 스튜워드(J. Steward)가 처음 소개한 개념이다. 문화생태학에서 환경은 특정한 지역 내 동식물군 사이 또는 다른 유기체들과 상호작용하는 생명의 총체적인 그물망으로 간주한다. 즉, 문화를 인간과 자연 사이의 연결고리로 보고 적응과 생태적 적소를 개념으로 삼았다. 나아가 문화생태학은 어떤 문화적·환경적 상황에서나 적용할 수 있는 일반적 원리를 도출하기보다는 서로 다른 지역들을 특징짓는 특수한 문화적 양태와 유형의 원천을 설명한다.[4)]

4) 엄연석, 「주역 상징의리론의 문화생태학적 특성-진화론관의 연관성을 중심으로-」, 『철학사상 34호』, 2009, p.116.

• 문화생태학의 이론들

- 환경결정론: 생물 및 인간의 구조와 행동에 환경이 끼치는 영향이 큰 것으로 보는 학설로서 인간의 행동양식은 전적으로 환경의 영향을 받는다는 입장이다. 인간도 자연의 일부이며 이에 따라 문화의 형태도 환경적 조건에 의해 결정되고 적응한 결과라고 간주한다.
- 환경가능론: 환경이란 인간에게 선택 가능성을 주는 것에 불과하다. 따라서 환경이 인간 생활에 절대적인 영향을 끼친다는 환경결정론과 달리 인간의 능동적인 선택에 의하여 자연환경이 변화된다는 입장을 견지한다. 즉, 인간이 환경을 정복하거나 환경에 순응하는 것이 아니라 환경을 협력적으로 이용하고 있다는 점을 강조한다. 예를 들면, 산업혁명, 간척지, 풍력발전소 등의 개발 등은 환경가능론의 가시적 성과이다.
- 환경수정론: 환경에 인위적 개입을 통하여 수정, 변경, 개선을 도모하는 입장이다.
- 도전-응전론: 문명도 인간처럼 하나의 유기체로서 발생, 성장, 쇠락, 해체의 과정을 겪는다고 주장한다. 어려운 환경은 문명의 발달에 이바지하고 인간은 이러한 환경에 도전하면서 발전한다고 간주한다. 예를 들어, 황하지역은 혹독한 추위와 자극이 많은 반면에 양쯔강은 온화한 지역으로 자극이 비교적 적었다. 인간은 삶이 위기에 처했을 때 이를 해결하기 위한 다양한 시도를 하게 된다. 이것이 응전이며 문명을 더 나은 방향으로 변화시킨다는 입장이다.

3. 아시아의 문화지리: 풍수

풍수는 장풍득수(藏風得水)의 줄임말로 바람을 감추고 물을 쉽게 얻음으로써 자연환경과 조화하는 곳을 명당의 기본으로 간주한다. 서양에 문화지리가 있었다면 한국, 중국을 비롯한 일부 아시아 국가에서는 우주 만물이 음양오행, 즉 음과 양, 그리고 목, 화, 토, 금, 수의 기운으로 이루어진다는 풍수지리사상이 있었다. 음양오행의 기운들이 조화를 이루고 땅의 주인과 기운이 어울리는 곳이 최고의 길지가 된다. 풍수지리의 기원은 무려 6천 년 전으로 거슬러 올라갈 정도로 오랜 역사를 자랑하는데, 주로 묘터를 가리는 음택풍수와 집터를 고를 때 활용하는 양택풍수가 있다. 우리나라는 여전히 배산임수나 좌향을 정할 때 남향을 선호하는 경향이 뚜렷하다. 이 오랜 관습은 모두 풍수의 영향이라 해도 과언이 아니다. 조선의 도읍 한양 역시 무학대사가 풍수지리

를 바탕으로 태조 이성계에게 천거하여 정한 것으로 전해지고 있다. 최근 서양에서도 침실이나 거실의 가구 배치에서부터 마당에 심는 수종까지도 고려하는 등 건강과 행운을 기대하는 생활풍수에 관심이 높아지고 있는 추세이다.

III
도시화

도시화는 어떤 한 지역이 도시가 되어가는 정도를 말한다. 도시화율의 판단은 전체 인구 중 도시에 거주하는 인구의 비중을 기초로 한다. 일제강점기에 우리나라의 도시화율은 2.9%로 한성 외에는 도시가 없었다고 해도 과언이 아니었다. 이는 농촌을 중심으로 한 인구구성에 따른 결과였다. 일제강점기말에는 약 3.6%로 소폭 증가하였고, 이는 여전히 인구구성 면에서 농촌의 주도를 설명한다. 해방 이후 남북한 모두에서 도시화가 급속하게 이루어졌고 80년대까지는 북한의 도시화가 남한보다 오히려 빠르게 전개되었다. 이후 북한의 성장세는 답보상태를 벗어나지 못하는데 이는 식량부족으로 인한 인구정체에 기인한다. 도시화는 농촌으로부터의 압출요인과 도시의 흡인 요인이 결합하여 나타나는 현상이다. 해방 이후 급속한 농촌해체 속도와 더불어 도시의 산업구조의 고도화로 인해 도시경제활동이 활발해지면서 도시로의 인구유입이 늘어났다.[1] 다시 말해, 우리나라의 도시화는 산업의 발전과 밀접한 관련을 맺고 있다. 도시화율을 그래프하면 주로 도시화 초기단계에는 도시화의 수준도 낮고 도시화 증가 속도도 완만하였다. 이는 그 나라의 경제가 1차 산업에 의존하고 있다는 방증이기도 하다. 산업화로 인해 도시의 흡인요인이 증가하면 농촌에 거주하는 인구를 도시로 끌어들이게 되는데 이 단계를 도약 단계라 부른다. 이 단계에서는 산업화가 가속화되고 인구이동의 이촌향도 현상이 두드러지게 된다. 산업구조가 2차,

1) 김홍순, 「인구지표를 통해 본 우리나라 도시화 성격-일제강점기와 그 전후 시기의 비교」, 『제23권 2호』, 2011, pp.40-43.

3차 산업으로 확장하면 할수록 도시화가 급격하게 진행된다. 이러한 단계는 도시화의 가속화 단계라 할 수 있다. 가속화 단계가 지나면 도시화의 수준이 일정 기간 후 멈추게 되는 종착 단계에 이르게 된다.

산업혁명 이후 산업화과정에서 점진적으로 도시화가 진행된 서구 국가들과는 달리 우리나라는 1960년대 이래 단 시간 내에 도시화가 급격하게 진행하였다. 1960년대에는 서울과 6대 도시에 도시인구의 75%가 거주하며, 농촌과 도시의 불균형이 점차 심화하기 시작하였다. 1970년대는 2차, 3차 산업의 발달과 공업단지의 대규모 건설로 도시화율은 50.2%에 달하였다. 1980년대에는 서울이나 부산과 같은 대도시의 성장은 둔화된 대신에 수도권이 급성장하고 신도시, 위성도시 등이 추가로 건설되면서 국토 전체에서 도시화가 가속화하였다. 2010년대 들어서 우리나라의 도시화율은 전 세계에서 가장 높은 수준인 90%에 이르고 있다.

1. 도시화의 유형

1) 집중적 도시화

도시지역으로 인구와 활동이 집중하면서 고밀도의 도시 활동이 이루어진다.

2) 분산적 도시화(교외화)

인구 밀집지역에서 주민과 생산 및 소비활동 대부분이 교외로 이전하는 현상이다. 교통수단의 발달로 교외화가 가능해지며, 대도시 주변일수록 교외화 현상이 뚜렷하게 나타난다. 교외화는 도농복합도시나 공업이나 주거기능이 특화된 위성 도시로 발전한다.

교외화의 개념은 두 가지로 정의할 수 있다. 하나는 협의적 의미의 교외화, 곧 거주 교외화(residential suburbanization)의 개념이다. 거주 교외화는 중심도시의 거주기능이 주변지역으로 확대하는 현상과 그 과정으로 정의할 수 있다. 교외지역 주민의 중심도시로의 통근 및 통학이 일반화되며, 이들의 절대 다수는 중심도시 거주자들이었다. 다음은 광의적 의미의 교외화로, 중심도시의 거주기능 이외에 다른 도시적 기능, 특히 상업, 공업, 오피스 등 산업기능 전반이 주변지역으로 원심적으로 확대되어 새로운 교외지역이 형성되는 현상과 그 과정까지를 포함하여 정의되는 경우이다. 대체로 최근 교외화의 개념은 도시적 산업기능이 원심적으로 확대하여 새로운 교외지역이 형성되는 현상과 그 과정을 의미하는 광의적 의미의 교외화를 뜻한다.[2)]

3) 가도시화

유입인구의 증가나 높은 출산율로 인한 인구 집중이 도시의 성장 속도보다 훨씬 빠를 경우에는 도시 기반이 제대로 갖춰지지 않아 불량주거지역, 환경문제, 생활환경시설 부족, 교통문제 등의 원인을 유발케 한다. 가도시화((pseudo-urbanization)는 동남아시아, 인도, 아프리카, 남미 등 주로 개발도상국에서 일어나는 현상이다.

---

2) 한국학중앙연구원, 『한국민족문화대백과사전』, http://encykorea.aks.ac.kr/Contents/SearchNavi?keyword=교외화&ridx=0&tot=1, 검색일자: 2018년 12월 10일.

4) 역도시화(탈도시화)

인구 집중 때문에 발생하는 다양한 문제를 피해 인구가 다시 고향이나 주변지역으로 이동함으로써 도시권 전체 인구는 감소하게 된다. 서울은 현재 전형적인 역도시화를 겪는 도시로서 높은 주거비용, 환경, 교통체증 등의 문제가 대두하면서 인구가 꾸준히 줄어들고 있다. 2016년 이후 서울의 인구는 천만 이하로 떨어진 상태이다. 반면 경기도의 인구는 증가 추세로 2018년 11월 광역자치단체로는 가장 많은 1,306만을 기록하고 있다. 역도시화는 무분별한 개발 및 확장, 주거환경 노후화 등으로 도시가 쇠퇴하는 것을 의미하는데 이 단계에서 주로 '도시 재생'이 논의된다.

5) 종주도시화

한국지방자치학회에 따르면, 종주도시란 한 나라의 도시인구의 대부분이 소수의 대도시에 집중되어 있을 때 이런 대도시들을 지칭한다. 제3세계의 도시화는 과잉도시화(over urbanization)와 도시종주화(urban primacy) 현상을 보이는데, 산업화 초기의 서구 도시화와는 양상이 매우 다르다. 과잉도시화는 한 도시가 감당할 수 없을 만큼 과다인구를 수용하는 현상을 뜻하며, 산업화 수준(또는 취업수준)과 주택보급률이 도시 인구 수준에 훨씬 못 미치는 상태를 나타낸다. 어떤 한 나라에는 하나 또는 두세 개의 도시에 국한하여 외국과의 접촉에 관문 역할을 하는 과잉도시가 출현하게 되고 이 도시에는 서비스 부문이 국내 다른 도시보다

규모나 기능면에서 월등한 위치로 성장하는데, 이러한 위치를 차지하는 도시를 종주도시라고 한다. 베리(B. Berry)는 도시종주화와 과잉도시화가 발생하는 조건으로 소규모 국가, 도시화 역사의 단기성, 경제, 사회 및 정치제도의 단순성 등을 들고 있다. 린스키(A. Linsky)는 좁은 영토에 많은 인구가 거주하며, 국민소득이 낮고, 농산물을 외국에 수출하는 나라와 식민 통치 하에 있었던 나라, 그리고 급속한 인구성장이 계속되는 나라를 들고 있다. 그러나 정치경제학자들은 도시종주화를 단순한 인구증가나 수도에의 기능집중 현상으로 보지 않고 보다 넓은 세계 경제체제의 관점에서 중심국 자본주의 활동과의 역학 관계에서 발생한 것으로 보기도 한다. 그러나 도시종주화는 그 나라의 식민지역사나 도시발전의 역사와도 상당한 관련이 있으므로 이를 반영한 설명 또는 해석이 필요한 것처럼 보인다.[3)]

3) 한국지방자치학회 편저, 『지방자치사전』, 보성각 2010.

2. 다양한 도시 형태

1) 빛나는 도시(radiant city)

스위스 태생의 프랑스 건축가 르 코르뷔지에(Le Corbusier)가 제안한 도시 형태이다. '빛나는 도시'는 고층 빌딩을 중심으로 오픈스페이스를 조성하는 것을 목적으로 하며, 우리나라를 포함한 개발도상국들의 도시에 많이 적용되었다. 빛나는 도시의 특징으로는 도심의 과밀 완화, 중심부 교통수단 집중, 중심부 밀도 상승, 수직적 건축으로 확보한 충분한 녹지 등을 들 수 있다. 그러나 블록 단위로 고립된 환경은 단지와 단지 사이의 도보 교류는 물론 소통의 차단을 불러와 도시가 유기적으로 기능하지 못한다는 비판을 받는다. 우리나라 도시에서 많이 보이는 성냥갑 같은 아파트의 모델이기도 하다.

르 코르뷔지에가 제안한 파리중심가 모형(출처: www.businessinsider.com)

2) 전원도시(garden city)

영국의 에버네저 하워드(Ebenezer Howard)가 1898년 제안한 도시 형태이다. 건축용어사전에서는 전원도시를 대도시의 과밀과 팽창을 억지할 목적으로 교외의 전원지대에 개발되는 독립자족 형태의 소도시로 20세기 초 영국 뉴타운 개발의 원형이었다고 정의한다. 1919년에 설립된 영국의 '전원도시협회'에 의하면 '전원도시란 건강한 생활과 건전한 산업 활동을 하며 규모 면에서 과대도 과소도 아닌, 전원지대로 둘러 싸여있는 도시'라고 정의하였다. 또한 전원도시에서는 기존의 대도시 통근자를 원칙으로 하지 않고, 사회생활 면에서 독자적인 경제적 자립성이 있어야 하며, 결과적으로 대도시의 물리적 팽창을 억제하는 것이 중요한 요건이다. 전원도시의 이상적인 형태는 토지에 대한 공공관리에 달려 있다. 토지는 일종의 기업 성격의 조직이나 위탁 사업체, 또는 정부가 소유한다. 이는 토지 이용에 대한 결정이 대중의 이익을 위해 기능할 수 있도록 하는 데 있다. 이러한 도시는 다수의 공원과 정원을 갖추고 있으며 물리적 팽창을 막는 그린벨트로 둘러싸여 있다. 자족적 기능은 가까운 곳에, 공업시설은 도시 외곽,

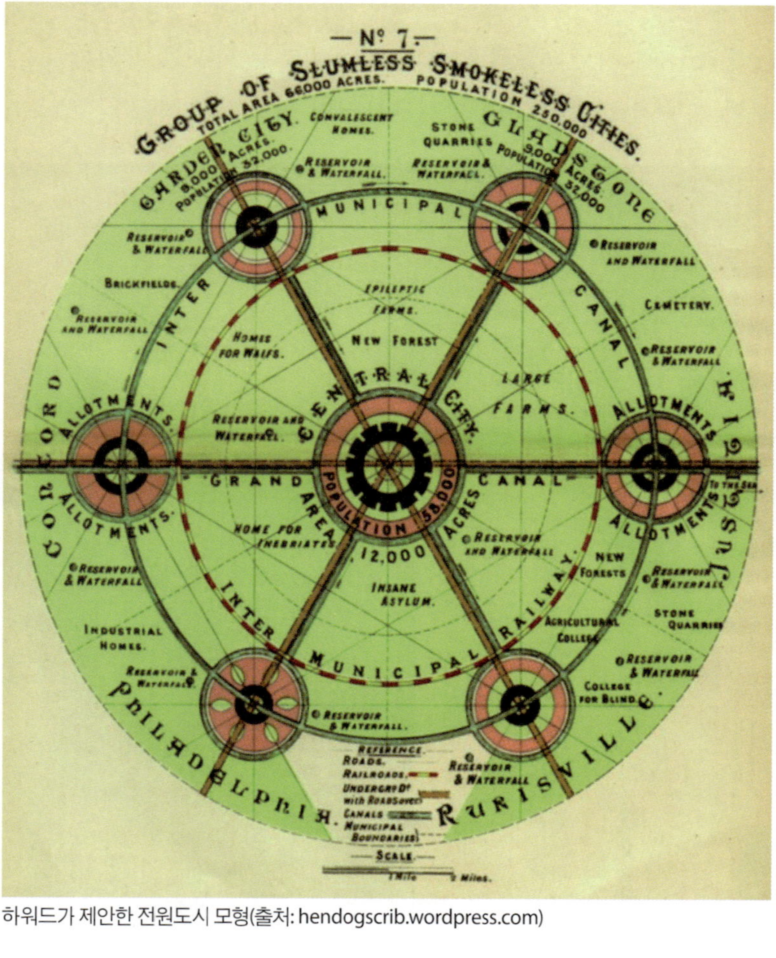

하워드가 제안한 전원도시 모형(출처: hendogscrib.wordpress.com)

중앙정부와 상업 기능은 중심부에 위치한다. 또한 접근성이 높으며 충분한 오픈스페이스를 갖추고 있다.

3) 평원도시(broadacre city)

버팔로의 라킨빌딩, 펜실베이니아 밀런의 주택 '낙수장', 구겐하임 미술관 등 세계적인 건축물을 디자인한 미국의 건축가 프랭크 로이드 라이트(Frank Lloyd Wright)가 제안한 도시 형태이다. 주변 환경과 자연스럽게 어우러지는 건축을 지향한 라이트는 인구와 기능이 집중된 거대 도시로부터의 해방에 관심을 갖고 타운

라이트의 평원도시 모형(출처: www.moma.org)

과 농촌을 통합한 형태의 평원도시를 제시하였다. 이 도시의 주민들은 1에이커(약1,224평, 4,047m2) 이상의 넓은 토지를 소유할 수 있으며 도시의 다른 지역에 위치한 직장으로 통근하는 것이 일상적이다. 현대 도시의 교외지역과 유사하다.

4) 생태문화도시(eco-cultural city)

최근 인간 중심의 생태도시(친환경도시)와 문화도시가 각광을 받기 시작하였는데, 이 두 가지 개념을 통합적 관점에서 조명한 것이 '생태사회'와 '문화사회'를 결합한 '생태문화도시'이다. 생태문화도시는 생태도시를 구축·유지·관리·발전을 목적으로 한 사회문화적인 자원과 체계를 의미한다. 즉, 생태문화도시는 '성공적이고 지속가능한 형태의 생태도시라 하겠다. 이는 사회의 필수조건이자 그 실체이기도 한 공간의 생태문화적 전환을 통해 이루어질 수 있다.[4] 생태문화도시는 생태적 지속가능성의 토대 위에서 생태환경요소와 문화적 가치를 결합시켜 궁극적으로 시민들이 양질의 삶을 누리도록 하는 도시를 의미한다. 참고적으로 이러한 지속가능도시(sustainable city)를 실현하기 위한 새로운 도시이론으로서 콤팩트시티(compact city), 뉴어바니즘(new urbanism), 어반빌리지(urban village) 등이 선진국을 중심으로 확산하고 있는데, 이러한 새로운 형태의 도시 운동은 정부 주도라기보다는 시민이 직접 참여하고 협력하는 새로운 거버넌스 체제를 강조한다.

---

4) 진종헌 외, 「지속가능한 생태문화도시의 방향설정 및 추진방안」, 『한국환경정책 평가연구원』, 2008, pp.6-15.

생태문화도시 모형(출처: www.slab-a.net)

5) 컴팩트시티(compact city)

일명 '압축 도시'로 불리는 컴팩트시티는 도시 고밀도 개발을 통해 현대 도시가 안고 있는 여러 문제의 해결을 도모하고 경제적 효율성 및 자연환경보전까지 추구하는 도시 개발 형태로서 미국의 조지 단치그(George Dantzig)와 토마스 사티(Thomas L. Saaty)가 처음으로 제시하였다. 특히 도심공동화 현상과 교외화의 확산을 막기 위한 도심지역의 토지 복합이용 등을 골자로 하는 컴팩트도시의 필요성이 증대하고 있다. 세부적인 내용은 다음과 같다. 도시 내부의 복합적 토지이용을 통해 대중교통을 효율적으로 구축한다. 이는 대중교통수단의 이용을 촉진하여 에너지 소비나 도시의 확산을 억제할 수 있다. 또한 도시 정체성을 유지하기 위한 역사문화재의 보전 등이 포함된다. 주거, 직장, 상업 등

컴팩트도시 모형(출처: www.ecocompactcity.org)

일상적인 도시기능들을 가급적 기존에 조성되어 있는 도심으로 가져와 상대적으로 높은 주거 밀도와 토지의 혼합이용을 유도하는 도시계획이다.[5]

6) 뉴어바니즘(new urbanism)

뉴어바니즘은 도시의 무분별한 확산에 의한 도시문제를 극복하기 위한 대안으로 1980년대 미국과 캐나다에서 시작되었다. 주요 개념으로는 보행 가능한 도로, 다양한 용도 및 다양한 사용자를 고려하여 조밀한 밀도로 도시를 구성하여 인간성 회복, 삶의 질 향상, 공적 영역의 조화를 추구한다. 기본적인 원리로는 집과 직장은 도보 10분 이내, 자유로운 보행가로, 주상복합건물을 설치하며 미적, 평의성, 장소성의 창출을 강조한다. 뉴어바니즘은

5) 이원규, 「도심 활성화를 위한 컴팩트 시티」, 『BDI 정책포커스 246』, 2014년 3월호, pp.2-5.

미국 워싱턴 DC, 컬럼비아 하이츠의 공적 공간(출처: www.cnu.org)

도시계획원리로서 효율적인 차도 및 보행공간의 연결성 확보, 복합적이고 다양한 토지이용과 지역공동체를 위한 거점 공간의 마련, 효율성을 고려한 토지이용밀도의 조정, 생태계를 고려한 지속가능성의 고려, 삶의 질적 향상 도모 등을 제시하고 있다.[6]

7) 어반빌리지(urban village)

어반빌리지 개념은 1980년대 후반 영국의 찰스 황태자 주도의 어반빌리지 그룹(Urban Village Group)이 제시한 대안으로서, 인간 친화적 혼합용도를 지향하며 아름다운 경관의 도시주거환경을 구성하는 수단을 통칭한다. 도시센터와 공공교통기관을 통해 유기적으로 연결되는 '도시 마을'이라는 하나의 권역을 설정하고, 그 권역 속에서 주거와 직장의 조화를 도모하고 또한 빌리지

6) 배정현, 김영훈, 「뉴어바니즘 이론을 기반으로 한 도시재생 방안에 관한 연구」, 『대한건축학회 학술발표대회 논문집』, 제32권 2호, 2012, pp.229-230.

레바논 베이루트의 어반빌리지(출처: wikepedia)

코어(village core)라 불리는 거점을 중심으로 각종 도시기능의 복합적인 집적을 도모한다. 즉, 버스, 자전거, 보행으로 이동이 가능한 각각의 빌리지(권역)가 개성을 유지한 채 자립적으로 형성되도록 유도하는 지속가능한 개발 개념에 근거한 새로운 커뮤니티 개발이론이라고 할 수 있다.[7]

어반빌리지의 특징은 다음과 같다.[8]

- 소규모와 친밀감(small and intimate): 지역은 도보로 다닐 수

---

7) 이정형, 이여경, 황소영, 「미국 시애틀시 어반빌리지 전략에 의한 도시설계수법에 관한 연구」, 『대한건축학회 논문집-계획계』, 제28권 6호, 2012, pp.210-218.

8) Scanlon, K., Sagor, E., Whitehead, C., & Mossa, A., "New London Villages: Creating community." *London: The London School of Economics and Political Science*. 2016. Available from www.lse.ac.uk/geographyAndEnvironment/research/london/docs/FINAL-Villages-report-28.06.2016.pdf

있게 설계되며 건물과 공간은 적절하고 안락한 규모를 유지한다. 인구밀도는 주요 서비스가 가능할 정도의 범위 내로 유지한다.

- 특별함(unique): 지역에는 특정한 영역과 식별할 수 있는 코어 센터가 있다.
- 사회적 교감을 위한 디자인(designed for social interaction): 공공녹지가 조성되며 커뮤니티 행사나 일상 활동을 위한 시설을 구비한다.
- 주민 주도(locally driven and locally responsive): 주민은 마을의 삶에 깊숙이 관여하며 장기 계획을 수립하고 있어야 한다. 커뮤니티를 대표하고 관심사를 제시하는 마을 지도자가 있다.
- 기능성(functional): 커뮤니티에는 공공 또는 사적 교통수단을 갖추며 핵심 서비스는 지역에서 지원한다.
- 융합 커뮤니티(mixed community): 연령, 배경, 수입 등 다양한 배경의 구성원이 살며, 주민들은 서로를 신뢰한다. 장기간 거주하는 주민들 또한 있다.

8) 근린주구(neighborhood unit)

근린주구란 동질적인 공동체로서의 공간적 단위라고 할 수 있다. 창안자인 클래런스 페리(Clarence Perry)에 따르면, 인구 5,000-6,000명과 반경 400-450m의 공간적 범위가 하나의 근린주구 단위이다. 초등학교는 근린주구의 중심적 역할을 담당한다. 하지만 근린주구의 공간적 범위는 학자마다 다르게 정의되며 교

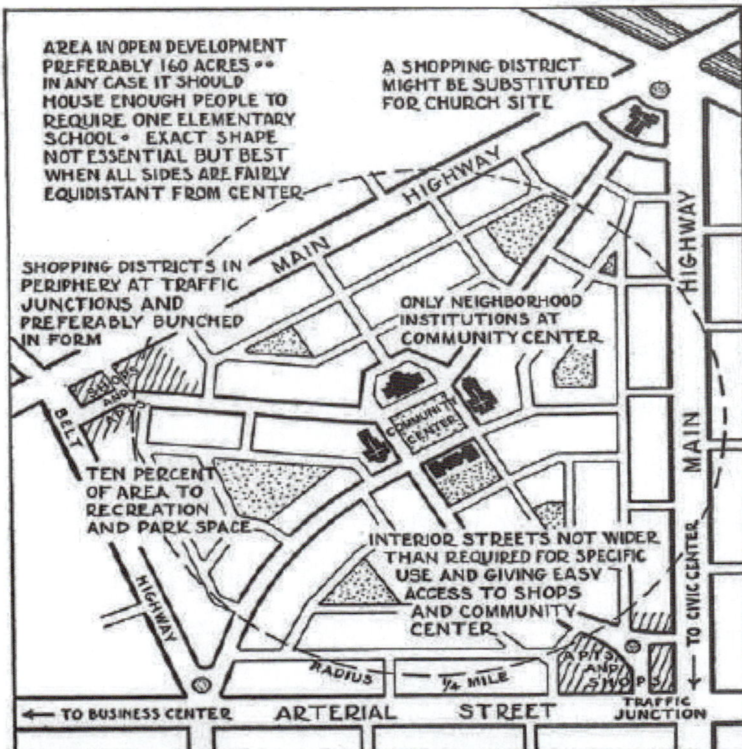

페리의 근린주구 모형(출처: https://www.researchgate.net/)

통수단의 발달과 생활양식의 변화로 인해 확대되고 있다.[9]

근린주구는 학교나 공원과 같은 공공시설은 주구 중심부에, 상업시설은 교통결절부에 배치하는 것을 원칙으로 한다. 커뮤니티를 통해 사회적 교류를 강화하여 공동체를 복원하고 보행권을 확보한다. 하지만 같은 계층끼리 모여 사는 동질공간의 증가와 교외화 현상의 발생으로 인해 분리가 가속화하고 주거지의 표준 역할

9) 김홍배, 박준화, 「저탄소 도시개발을 위한 녹색인증기준에 관한 연구-근린주구 중심으로」, 『국토계획』, 제48권 제2호, 2013, pp.282-283.

이 삶의 형태의 다양화로 지역의 특수성이나 수요자의 요구에 부합하지 못하는 단점이 노출되었다. 접근성과 편리성은 보장이 되지만 주민은 근린주구에 지속적으로 머물지 않으며 초등학교가 더 이상 커뮤니티 활동의 중심이 되지 않게 되면서 근린주구론이 힘을 잃어가고 있다.

9) 대중교통지향형 도시개발(Transit-Oriented Development, TOD)

대중교통 중심의 도시를 구현하고자 하는 대중교통지향형 도시개발은 하나의 도시 또는 근린주구(마을) 단위에서의 토지이용과 교통과의 연관성을 강조하며 대중교통 결절점 중심의 고밀도 복합적 토지이용과 보행친화적인 정주환경 조성을 목표로 한다. 이러한 TOD는 무분별한 도시의 외연적 확산을 억제하고, 승용

TOD 도시 사례(브라질 쿠리치바)(출처: www.inhabitat.com/)

차 중심의 통행패턴을 대중교통 및 녹색교통 위주의 통행패턴으로 변화시킴으로써 자동차 배출가스로 인한 환경오염을 감소시키려 한다. TOD는 고밀도 복합용도개발을 지향하는데, 상업중심지를 대중교통 정거장에서 보행 또는 자전거로 통행할 수 있는 곳에 두며 그 외곽에 공공용지와 주택을 배치하여 자동차 없이 직장 또는 상가와 주택 간의 이동이 가능하도록 설계된다.[10)]

10) 스마트시티(smart city)

도시공간에 정보통신기술(ICT) 및 친환경기술 등을 활용하여 행정, 교통, 방재, 에너지, 환경, 복지 등의 각종 도시 서비스의 유기적인 효율적 작동과 관리 및 유지를 목표로 하는 도시를 지칭한다. ICT 등의 신기술은 도시민의 삶의 질을 높이고 급속한 기후변화에 대응하는 데 가장 필수적인 수단이다. 스마트시티는 4차 산업혁명을 구현할 수 있는 공간 플랫폼으로 인식되고 있다. 우리나라는 국토부 주도로 2018년 스마트시티 통합 플랫폼 사업 대상지로 서울, 제주도, 나주, 포항 등에 속한 전국 지자체 12군데를 공모를 통해 선정한 바 있다.

11) 신도시(new city)

근대적 도시기능에 부응하기 위한 계획 신도시의 개념으로 산

10) 성형곤 외, 「대중교통지향형 도시개발의 효과분석 및 유도기법 적용방안」, 『한국교통연구원』, 2007.

업혁명과 더불어 노출된 도시 관련 문제를 해결코자 시도된 영국의 '새로운 지역공동체(new community)' 건설로부터 비롯하였다. 하워드(Ebenezer Howard)의 전원도시론은 현대적 신도시의 개념을 정립하는 전환점이 되었다. 본격적인 신도시 개발은 2차 세계대전 이후 복구사업의 일환으로 범세계적으로 이루어졌으며 각국의 개발 여건과 목적이 다르므로 신도시 개념을 확정 짓기는 어려운 실정이다. 우리나라에서 현대적 의미의 신도시가 본격화된 것은 1960년대 이후이다. 우리나라 신도시는 대체로 두 가지 정책목표에 의해 추진된다. 첫째로는 국토 및 지역개발 목적의 신도시이며 둘째로는 대도시의 인구분산 및 대도시 문제해결에 두고 있다.

12) 위성도시(satellite city)

도시로의 기능 집중이 한계점에 이르러 도시의 중심기능을 보호·육성하기 위해 근교에 조성한 중소도시를 일컫는다. 1923년에 미국의 위이튼(R. Whitten)은 대도시를 중심으로 한 지역계획 구상에 위성도시론의 개념을 도입하여 대도시개발계획안을 수립·발표하였다. 미국의 경우 대도시 주변지역에 새로운 도시생활 환경을 조성하고 도시주택문제를 해결하려는 목적으로 위성도시 및 새로운 근린주구개발을 계획적으로 건설되었으며, 우리나라에서도 1990년대에 5개의 수도권 신도시를 건설하는 등 다수의 위성도시를 조성해 왔다. 위성도시는 대도시의 기능을 분담하여 대도시의 과도한 집중을 감소시킬 것을 목적으로 개발되고 있지만 동시에 여러 문제점을 노출하고 있다. 일반적으로 위성도시는 베드타운(bedtown)화되고 있는데 직장은 대도시에 있고 주택이 위성도시에 있는 경우가 많아 과도한 교통수요를 유발한다. 그리하여 대도시 문제의 해결에 근본적으로 도움이 되지 않으며, 위성도시가 대도시 주변에 많을수록 교통 혼잡도 증가해 모도시(母都市)가 비효율적이 되기 쉽다. 좁은 의미의 위성도시는 인구의 대도시집중을 막기 위해 계획적으로 건설된 소도시를 말하며, 넓은 의미의 위성도시는 대도시 주변에 분포하는 근교도시 대부분을 지칭한다.

3. 도시경관

세계적인 도시들은 저마다 경쟁력을 제고하고 도시의 긍정적인 이미지를 구축하기 위해 도시경관과 미화, 도시연출에 관심을 가진다. 우리나라도 그동안 국토관리에 치중하는 데서 벗어나 도시공간과 관련된 법령을 마련하는 등 여러 가지 창의적인 실행수단을 강구하고 있다. 그러나 관련 법령 간의 충돌, 인간중심환경과 공공성의 상이한 목표, 지자체별 특성 등 때문에 통합적인 도시경관을 형성하기는 쉽지 않다.[11]

서울과 같이 오랜 역사를 자랑하는 대도시에서 주로 마주하는 경관 문제는 크게 네 가지 양상으로 나타난다. 첫째, 잡식경관이

11) 권시형, 김영수, 「서울시 도시경관계획수립 현황 및 문제점 분석에 관한 연구-서울시 및 지자체 도시(경관) 디자인관련 계획을 중심으로」, 『도시설계』, 제13권 5호, 2012, pp.83-90.

도시경관문제 유형(출처: 경기개발연구원)

다. 구릉지를 잠식하고 수변을 매립하는 등 많은 사람들이 공유해야 하는 경관자원이 파손되고 훼손된다. 둘째, 함께 누려야 하는 경관자원의 조망을 방해하고 독점하는 행위로 나타나는 차폐경관 문제이다. 셋째, 주변 건물에 비해 과도하게 크거나, 주변과 조화를 깨트리는 특이한 형태의 건물이 주위를 압도하는 위압경관이 발생하고 있다. 마지막은 획일경관 문제로, 이는 단조롭고 획일적인 형태, 재료, 색채의 사용으로 지역 특성과 맥락에 부합하지 못하고 있다.

아름다운 경관은 비단 건축물의 배치로만 만들어지는 것이 아니다. 우수한 경관이란 오랜 시간을 거친 점진적인 개발을 통해 자연환경과 조화를 이루며 지역의 정체성과 맥락을 창출하는 것이기 때문이다.[12] 도시경관은 실질적으로 도시 제반 활동에도 영

12) 이상규, 『경관계획의 효율적 작성과 관리방안』, 경기연구원, 2007, pp.8-12.

향을 미치며 단지 도시라는 물리적 공간의 개성 표현을 넘어 한 도시의 문화 수준을 가늠하는 척도라 해도 과언이 아닐 것이다.

IV
도시재생

1. 개념과 전략

산업화과정에서 급속한 도시화를 이룬 국내 여러 도시들이 인구 감소, 전통산업의 이탈, 열악한 생활환경 등으로 쇠락의 길을 걷고 있다. 이러한 쇠퇴 현상을 방치할 경우 도시민의 삶의 질 저하나 투자 감소 등과 같은 악순환이 이어져 전반적으로 도시경쟁력의 약화를 초래한다. 따라서 도시재생은 단순한 주거정비사업이 아니라 주민의 삶의 질 제고, 생활환경 개선, 일자리 창출 등 도시를 활성화함으로써 도시기능의 경쟁력을 높이는 것을 목표로 한다. 도시재생은 거시적인 사안보다는 일자리, 주거, 복지 등을 함께 고려하는 맞춤형 지역재생에 기반을 두고 지역사회의 지속가능성이 건전한 커뮤니티 발전의 기초라는 점을 전제로 한다. 국토연구원이 제시하고 있는 추진체계의 구축에는 다음과 같은

요소가 필수적이다.[1]

① 도시재생을 종합적이고 효과적으로 추진하기 위한 계획 수립: 국가 차원의 전략적 지침으로 국가도시재생 기본방침을 수립하고 지자체는 지역 여건을 고려하여 도시재생전략을 세운다.
② 도시재생을 안정적이고 통합적으로 지원하기 위한 기금 조성: 장기적인 투자가 필요한 도시재생사업의 특성을 고려하여 이를 안정적이고 유연하게 지원할 수 있는 기금을 조성한다.
③ 도시재생을 전략적으로 기획·추진하는 조직체계 구축: 중앙정부에 도시재생특별위원회와 도시재생지원기구를 설치하고 지방정부에는 지방도시재생위원회와 도시재생지원센터를 설치하여 유기적인 연계와 협력체계를 구축한다.
④ 국가전략 차원에서 선도사업 및 시범사업 실시: 국가 전략으로 추진할 선도사업 및 시범사업으로 주변 지역의 재생과 발전을 견인하고 민간투자를 촉진한다.

도시재생의 지속가능한 성공을 위해서는 도시 거버넌스가 유기적으로 작동하여야 한다. 유럽연합은 1997년 '거버넌스 및 지속적 인적개발 프로그램'(The Governance and Sustainable Human Development Programme)과 2001년 'UN 개발 프로그램과 유럽 거버넌스 백서'(UN Development Programme and

1) 유재윤 외, 「도시재생의 필요성과 정책과제」, 『국토정책 Brief』, 2013, 3, pp.1-6.

European Governance White Paper)를 통하여 다음 다섯 단계의 거버넌스 원칙을 제시하였다.[2)]

① 개방성 및 공정성: 모든 주체는 동등한 기회를 부여받고 원칙은 공정히 적용되어야 한다.
② 참여 및 합법성: 모든 주체는 결정 과정에서 제 목소리를 내고 각자의 이익이 부합하지 않는다면 중재를 통해 협의해야 한다.
③ 책임성: 모든 결정은 공공성을 기초로 하며 투명성이 담보되어야 한다.
④ 효율성: 결과는 수요자의 요구에 부응해야 하며 주어진 자원을 극대화하여 활용해야 한다.
⑤ 일관성: 장기적인 안목으로 전체적인 관점에서 결정이 이루어져야 한다.

수직적 거버넌스는 여러 층위의 정부조직(공공기관 산하 연구소, 지자체, 중앙정부 등), 정치력, 언론 간에 통합을 이루어나가는 과정을 의미하는 반면, 수평적 거버넌스는 두 가지 영역을 포함하는데, 결정 과정에 민간 영역, 예를 들면, NGO, 사기업, 도시민 등의 참여와 도시재생 일관성 유지를 위한 지자체의 다양한 조직들 간의 협력과 통합이 그것이다.

도시재생은 개발우선주의의 관점에서 벗어나 물리적 환경개선

2) European Union URBACT II Capitalisation, "Sustainable Regeneration in Urban Areas," 2015, p.34.

이상의 목표를 추구한다. 그러나 중앙정부 주도의 사업추진으로 지자체, 기업, 주민, 민간부문 등의 참여가 부진하고 계획 수립에만 치중하여 지역의 변화가 실질적인 성과로 이어지지 못하고 있으며 국비 지원이 일부 지역에 국한됨으로써 대부분의 쇠락 지역들이 도시재생에서 소외되고 있다. 뿐만 아니라 사업 선정 후 임대료 상승으로 원주민과 영세상인들이 지역 밖으로 내몰리는 젠트리피케이션 현상과 같은 부작용이 발생하고 있다.

2. 젠트리피케이션(gentrification)

이 용어가 사용된 영국의 경우 처음에는 주거 젠트리피케이션(중산층이 노동계급지구의 오래된 주택을 개조하여 이주해오면서 기존의 노동계급을 대체하는 현상)을 의미하였으나 차츰 상업 젠트리피케이션, 문화예술 젠트리피케이션 등으로 확장하고 있다. 우리나라의 도시재개발은 철거 후 신축과 같은 물리적 환경개선을 통해 기존주민을 대체하는 상위 계층의 이주 등과 유사한 개념으로 간주될 수 있다.

오랫동안 개발이 지체되어 낙후된 주거지로 남아있었던 단독주택이나 다세대 빌라 등이 최근 몇 년 사이에 상업시설로 용도변경이 이뤄지고 트렌드에 편승한 각종 음식점과 대형 프랜차이즈 업체가 들어서면서 관광객을 위한 상업 지구로 변모하고 있다. 이 과정에서 기존의 주거 세입자들이 쫓겨나고 그 자리에 높

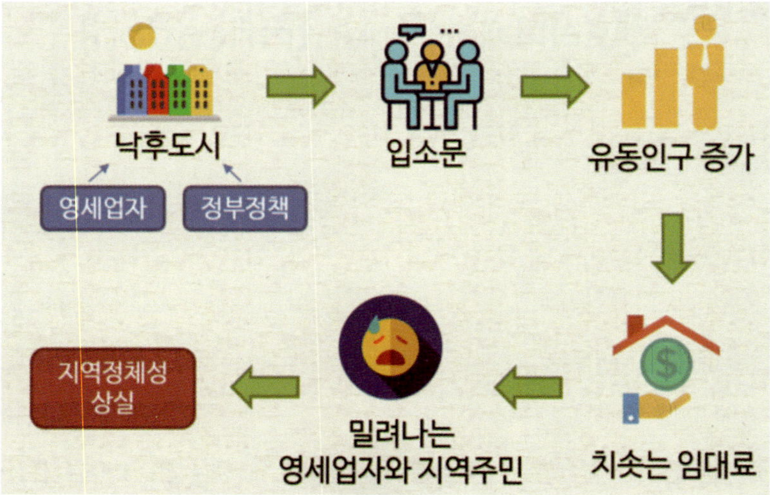

젠트리피케이션 과정(출처: 통계청)

은 임대료를 감당할 수 있는 상업시설들이 대거 입주하면서 원주민 수는 감소하고 있다. 이는 다시 원주민을 대상으로 하던 소규모 자영업의 쇠락을 불러오고 이로 인해 원주민의 이주가 가속화하는 악순환이 나타나기도 한다. 뉴욕의 브로드웨이나 서울의 인사동, 대학로, 홍대 등과 같이 젠트리피케이션 과정에 예술가가 개입된 경우를 문화 젠트리피케이션(Art-led Gentrification)이라 한다.[3] 예술가들이 임대료가 저렴한 건물을 개조하여 주거 및 문화 활동을 영유함으로써 상권이 살아나게 되는데, 역설적이게도 이들이 가져온 문화적 자산은 시장 자본에 의해 전용되어 임대료 상승, 개발의 압력을 받게 된다. 결국 문화예술업종과 예술가가 이탈을 하게 되는 경우가 이에 해당한다.

---

3) 박태원 외, 「한국의 젠트리피케이션」, 『도시정보 제413호』, 2016, pp.3-6.

3. 도시재개발, 재건축, 리모델링

세계은행에 따르면, 도시재개발은 부지 정비와 비슷한 개념으로 주로 저밀도지역을 고밀도지역으로 개발하는 정부 주도 사업을 지칭한다. 지하철 노선을 건설하는 등의 대규모 인프라의 개선이 수반되며, 이 과정에서 정부는 개인의 사유재산을 매입하거나 새로운 개발계획이 착수를 통해 필요한 인프라를 확보하기도 한다. 사업이 마무리되면 정부는 전반적인 개발이익을 부지를 제공한 사람들에게 배분한다. 우리나라에서의 재개발은 기존 도시지역 내 특정지역의 물리적 환경을 개선, 보수, 혹은 구조물의 철거 등을 통하여 지속적인 도시성장과 발전을 도모하는 것을 말한다. 법무부산하 국가법령정보센터는 '재개발사업'이란 정비사업 중 하나로서, 정비기반시설이 열악하고 노후·불량건축물이 밀집한 지역에서 주거환경을 개선하거나 상업지역·공업지역 등

에서 도시기능의 회복 및 상권활성화 등을 위해 도시환경을 개선하는 사업으로 규정하고 있다(「도시 및 주거환경정비법」 제2조 제2호 나목). 보통 토지 소유자의 약 80%의 동의를 얻어 시장 혹은 군수의 인가를 받아 진행하게 된다.

반면 재건축사업은 정비기반시설은 양호하나 노후·불량건축물에 해당하는 공동주택이 밀집한 지역에서 주거환경을 개선하기 위한 사업으로서, 「도시 및 주거환경정비법」에 따른 정비사업 중의 하나를 말한다(「도시 및 주거환경정비법」 제2조 제2호 다목). 건물상태는 양호하지만 그 주변 건축물들이 지나치게 밀집되어 있거나 노후화하여 미관을 해치고 안전에 문제가 있을 경우 국가에서 상대적으로 양호한 도로나 기반시설은 그대로 둔 채 건축물만을 새로 짓는 것을 재건축이라고 한다. 재건축사업의 시행주체는 조합이나 시장, 군수 등에 의한 공공영역이 모두 가능하다. 리모델링은 오래된 주택 혹은 아파트 등의 골격은 그대로 유지한 채 사업주체의 취향에 맞추어 보수하는 작업을 지칭한다. 일반적으로 준공 후 15년 이상 된 주택의 경우 기존 전용면적 대비 최대 30%까지 증축할 수 있다.

재개발이나 재건축, 리모델링, 도시재생은 정도의 차이는 있으나 모두 물리적 정비사업이 수반된다. 정비사업은 도시의 기능을 회복하기 위해 정비구역에서 정비기반시설을 정비하거나 주택 등 건축물을 개량 또는 건설하는 것으로서 (「도시 및 주거환경정비법」 제2조 제2호 가목·다목) 전술한 재개발, 재건축, 도시재생 외에 주거환경개선사업이 포함된다. 이 사업은 도시저소득 주민이 집단 거주하는 지역으로서 정비기반시설이 극히 열악하고 노후·불량건축물이 과도하게 밀집한 지역의 주거환경을 개선하거나 단독주택 및 다세대주택이 밀집한 지역에서 정비기반시설과 공동이용시설 확충을 통해 주거환경을 보전·정비·개량하기 위한 사업이다.

V
지역개발과 정책

1. 지역개발의 정의

지역개발은 용어가 처음 등장한 1950년대에는 기업의 기여에 대한 경제적, 실질적 평가, 즉 고용률, 손익, 성장률 등을 지칭하는 의미로 사용되었고, 지엽적으로는 지역의 생산, 소비, 고용, 소득을 전반적으로 증가하게 하는 일련의 총체적 시도라 할 수 있었다. 20세기 이후부터 지역개발은 정치학, 행정, 사회학 전반에 걸쳐 다루어지는 광의적인 개념으로 확장되고 있는데, 경제적 측면뿐만 아니라 지역의 유·무형의 가치가 어떤 방식으로 지역을 아우르는 지에 대해 더 많은 초점이 맞춰져 있다. 즉, 양적인 성장과 질적인 변화를 모두 포함하는 동시에 성장의 효과가 지역의 각 계층에게 골고루 확산되도록 분배하는 것을 포함하는 개념이다.

21세기에는 경제지리학 분야에서도 지역개발을 중시하고 있다. 이러한 현상은 사람이 살고 일하고 투자가 일어나는 곳으로서의 지역의 공간적 역동성에 대한 관심을 반영한다. 과거 지역개발은 환경보존과 대척점에 있는 것으로 간주되기도 하였으나 최근 환경을 고려하지 않은 지역개발은 배제되는 추세이다. 따라서 지역개발은 사회경제구조나 의식구조의 변화에 민감하게 대응하는 다양한 층위의 개념이라 할 수 있다.

지역개발의 새로운 이론들은 인간, 사회적 자본, 혁신, 공간의 역동성, 인구변화에 신속하게 반응하며 글로벌 경제 환경에서 주변부에 불과한 소규모 지역들이 부닥치는 시련을 직시하고 이에 대한 대응책을 제안하기도 한다. 지역개발의 주요 관심사인 경제·사회적 개선에 대한 입장은 다음과 같다.

- 소프트 및 하드웨어적 인프라의 질적 향상
- 커뮤니티 서비스의 개선
- 생산의 증가 및 다양성 제고
- 실업률 감소
- 일자리 창출
- 부(wealth)의 증식
- 삶의 질 향상

지역의 의미가 다층적인 것처럼 지역개발의 개념 역시 국가나 지역에 따라 다양하게 해석된다. 우리나라에서 지역개발은 국토개발이나 국토계획과 밀접한 관련이 있는데, 1960년대 추진된 경제개발정책은 지역개발의 중요성을 더욱 부각시키는 계기가 되었다. 영국의 경우 1920년대부터 지역조사를 시작해 2차 세계대전 이후부터 산업발전, 도시정비, 교통체계, 생활환경정비, 인프라 구축 등을 체계적으로 다루었다. 미국은 지역개발과 유사한 개념으로 주(state) 개발, 주간 개발(interstate development) 또는 대도시 지역개발(metropolitan area development)을 사용하고 있다. 그리고 프랑스 또한 2차 세계대전 후 발전 지역과 낙후 지역 간 격차를 줄이는 목적의 지역계획을 추진하게 되었고 1947년에 지역발전 1차 계획을 마련하여 1960년대부터 본격적으로 시행하였다. 지역개발과 유사한 용어로는 '국토의 관리(amengement du territore)'를 들 수 있을 것이다.[1)]

1) 하성규, 「지역개발학의 정체성과 발전방향」, 『한국지역개발학회지』, 제23호 제4권, 2011, pp.6-8.

2. 지역개발의 발전전략

1) 하향식 개발 전략

하향식 개발은 중앙정부에서 체계적이고 효과적인 개발이 가능하도록 지역을 선정하여 집중 개발하는 방식을 의미한다. 계획에 대한 합리적, 종합적 입장으로서 정부로부터 사업주체들에게 하달되어 빠른 통제가 가능하다. 따라서 위계적 환경에서 가장 수위에 있는 주체가 명확해 일관성 있게 목표를 향해 진행할 수 있다. 원인과 결과의 타당성을 수월하게 확보할 수 있고 수행체계가 명확하다. 국가 전체적으로는 효과적인 개발 방식이 될 수 있으나, 특정 지역의 집중 개발로 인하여 지역 간 격차가 더욱 심화될 수 있다.

2) 상향식 개발 전략

이와 반대로 상향식 개발은 지역민이나 지방자치단체의 요구를 실질적으로 반영하여 이루어지는 개발을 지칭한다. 주민 주도형의 지역 친화적인 사업이 가능하나 한정된 인적자원 및 재정으로 인해 대규모 사업이 어렵고 지역 주체들의 사업수행능력이 과대평가되는 부작용도 있다. 중앙의 전문가나 행정가가 개입하지 않으면 사업이 좌초되는 일도 종종 일어난다. 최근에는 마을공동체나 리, 면 단위의 사업들이 주로 상향식 개발 방식으로 이루어지고 있다.

3) 한국의 지역개발 전략

우리나라에서 지역개발은 지방자치시대와 맥을 같이해왔다 해도 과언이 아니다. 국토관리 차원의 국가적 개발정책은 1990년대 초 민선자치시대의 시작과 함께 지역과 지역민의 이익과 안녕을 최우선으로 삼는 지역 단위 개발이 지역의 주요 사업으로 인식되고 있다. 이에 국토개발원에서는 지역민이 주체가 되는 자율적인 개발전략의 수립을 위해 다음과 같은 10대 전략을 제시하고 있다.[2)]

① 개성 있는 지역개발: 우리나라에는 현재 1천여 개가 넘는 지역축제가 열리고 있으며 각종 둘레길, 흔들다리 등 어느 한

2) 김용웅, 「지역개발의 10대 전략」, 『국토』, 1998, pp.46-49.

곳에서 인기를 끌면 우후죽순으로 유사한 지역축제나 콘텐츠들이 생겨나고 있다. 이와 같은 획일적인 전략은 전국을 특징 없는 지역으로 만들 뿐만 아니라 자원이나 예산의 낭비와 더불어 지역의 경쟁력 제고에도 효과를 발휘하지 못한다. 어느 지역은 아름다운 생태자원을 내세울 수 있고 어느 지역은 유통단지와 같은 편의시설로 지역 이미지를 높일 수 있는 것처럼 지역마다 특·장점을 활용하여 개성 있고 차별화된 지역개발이 필수적이다.

② 지역개발의 실질적 효과: 양적 팽창이나 외형적인 결과보다는 주민들의 실질적인 만족도를 높일 수 있도록 지역개발의 방향이 설정되어야 한다. 예를 들면, 고용 창출, 관광객의 증가, 주거환경 정비, 실질적인 소득증대 등 지역민에게 실질적인 혜택이 부여되는 지역개발이 효과적이다.

③ 지역경제 육성수단 다변화: 제조업의 쇠퇴는 공단지역의 장기 침체를 초래할 수 있다. 향후 우리나라의 경제성장은 제조업보다는 전문서비스 산업이나 4차 산업혁명으로 불리는 기술융합산업 및 친환경산업이 주도하게 될 것으로 예상된다. 이를 대비한 창업보육시설이나 창업 지원책 등을 마련하여 산업구조의 변화에 따른 지역경제의 대응 능력을 높여야 할 것이다.

④ 능력 범위 내 승부: 지역적 특성을 고려하고 지역 경쟁력에 대한 정확한 평가가 중요하다. 때로는 사양산업이라 해도 지역에 따라 경쟁력을 제대로 갖춘다면 얼마든지 지역산업의

기반이 될 수 있다. 이는 지역적 기반이 부재한 상태에서 첨단산업을 육성하는 것이 거의 불가능한 이치와도 같다.

⑤ 수요자 중심의 지역개발: 기존의 지역개발은 하향식의 공급자 관점에서 일방적으로 추진되는 경우가 부지기수였다. 향후의 지역개발사업은 수요자의 요구를 반영해가면서 전략적으로 추진하는 것보다는 계획수립의 단계부터 집행 및 평가에 이르기까지 수요자가 직접 참여하여 협력적으로 사업을 시행하는 것이 바람직하다.

⑥ 글로벌화전략 지향: 지역경제와 지구화된 경제체제 간에 통합도를 높이고 국제적 생산 및 투자 활동을 수용할 수 있도록 여건이 마련되어야 한다. 이를 위해서는 수출증대, 시장의 다변화, 해외기업 및 투자의 지역 내 유치확대가 필요하다.

⑦ 지역 간 협력 및 협동체계 구축: 자원의 효율적인 이용과 관리를 위하여 인접 지역 간 협력과 협동체계가 구축되어야 한다. 이는 무한 경쟁에 대응하고 급변하는 시장 환경에 적응한다는 점에서 매우 중요하다.

⑧ 지역 사회자원의 자발적 동원 유도: 기존의 지역개발은 주로 중앙정부와 지자체의 재원에 의해 이루어졌으나 지역개발은 주민, 기업, 상공인, 대학, NGO 등 다양한 지역사회 구성원의 참여와 투자가 필요하다. 지자체는 민간 부문의 투자를 독려할 수 있는 정책을 검토해야 한다.

⑨ 제도와 인력의 질적 개선: 미래 산업을 전망하고 새로운 기

술과 지식을 갖춘 전문 인력을 양성할 수 있도록 지원되어야 한다. 전문 인력을 육성하는 것 못지않게 효율적으로 활용할 수 있는 인적자원 관리체제 또한 구축되어야 한다.

⑩ 국내외 성공사례 적용 모색: 글로벌시대에는 보편성과 아울러 지역의 문화적 전통과 특징이 잠재적인 가치를 지닌다. 다양한 국내외 성공사례는 자율적인 추진 경험이 충분치 못한 우리나라 지자체가 맞춤식 지역개발을 마련하고 적용하는 데 매우 유용한 준거가 된다.

3. 지역개발과 지역사회개발, 지역경제개발, 사회개발, 농촌개발 비교

1) 지역사회개발

지역사회개발의 논의에 앞서 지역사회(community)의 개념을 살펴보면, 서로가 상호 교류하는 일단의 지역주민들로 구성되어 다양한 사회적·심리적 연대감을 지닌 채 보다 나은 자신들의 장기적인 공동의 삶을 위하여 미래를 함께 설계하는 주민집단으로 설명할 수 있다.[3] 따라서 지역개발은 국가나 지자체가 주체인 경우가 많은데 비해, 지역사회개발은 주민 주도가 가장 중요한 요소이다. 지역사회개발은 지역사회의 정치, 경제, 사회, 문화적 측면의 양적 및 질적 수준을 제고함으로써 주민의 삶의 질을 향상시키기 위한 제반 노력이라 할 수 있다. 사업의 성공 여부는 지역

---

3) 이욱형, 「지역경제개발과 미국의 EZ/EC에 관한 연구」, 『한국유통학회 학술대회 발표논문집』, 2005, pp.488-490.

사회 주민의 적극적인 참여와 최대한의 주도적 노력 여하에 달려 있다. UN에서는 어느 지역사회의 경제적, 사회적, 문화적 제반 조건을 개선하기 위해, 이 지역사회를 국가 생활에 통합시키기 위해, 또는 지역사회로 하여금 국가적 계획에 충분히 공헌할 수 있도록 주민의 노력과 정부의 노력이 합쳐지는 과정으로 설명한다. 우리나라에서는 일반적으로 지역 내의 주민이 생활의 개선과 향상을 위하여 집단적 또는 개별적 계획을 수립하고 실천·수행하는 사회개선사업으로 인식되어 왔다. 지역사회개발에는 주민의 참여가 필수적인 요소로서 주민 각자가 사회 변화에 긴밀히 대응할 수 있는 능력을 기르고 공식적인 의사 결정에 참여하며 지도력의 강화와 함께 사업 추진에 협력적인 환경을 형성할 수 있어야 한다. 다시 말해, 주민의 참여는 절대적으로 지역사회개발과 밀접한 관계를 가진다.[4)]

2) 지역경제개발

경제개발이 경제와 삶의 질을 개선하기 위해 국가를 하나의 개발단위로 간주하여 지역의 경제적 생산 능력을 높이는 것을 의미한다면, 지역경제개발은 정부 주도의 개발 정책만으로는 소규모 단위 지역사회의 고민을 해소하는 데에는 역부족이기 때문에 개발 방식을 지역사회 기반으로 하는 경제개발 전략을 총칭한다. 즉, 지역경제개발은 지역에 거주하는 주민의 복지향상과 생활환

---

4) 정하용, 「지방자치시대의 지역사회개발과 주민참여 활성화 방안」, 『한국지역개발학회지』, 제19권 제3호, 2007, pp.4-6.

경을 개선하기 위한 다양한 정책이나 노력 중 지방의 유·무형 자원을 합리적으로 사용하여 양적-물리적 개선을 위한 민간과 공공 영역의 공동의 노력이라 할 수 있다. 지역경제개발은 경제적 측면의 강조를 통한 특정 지방주민의 생활 및 환경의 양적-물리적 향상을 지향하는 데 대다수 지자체가 최우선적 가치를 두는 정책분야로서 전반적으로 지방의 경제적 편익을 증가시키는 데 목표를 둔다. 지역개발이 형평성을 강조하는 가치를 함의한다면 경제개발은 화폐적인 성격이 강하고 능률성을 강조한다.

3) 사회개발

사회발전을 보다 의도적이고 적극적으로 유도하기 위하여 사회문제에 대하여 경제적, 효과적 해결방안을 강구하고자 하는 개발계획을 총괄하여 일컫는다. 즉, 경제뿐만 아니라 정치, 문화, 교육 등의 각 분야에 대한 전반적인 내용을 포함하는 계획이다. 경제개발 과정에서 나타나는 사회문제에 대한 해결책 모색과 장기적으로 살기 좋은 사회를 만들어 나가는 종합적인 개발과정으로서 개발과정에서 인간을 우선적으로 두는 데 초점을 맞춘다. 또한 빈곤하고 취약한 계층의 사회통합을 고려하고 저소득계층, 실업자, 소외계층에 도움을 주어 주민들의 복지 수준의 균등화를 도모하는 것을 목적으로 한다.

4) 농촌개발

경제 전반의 저성장 기조 속에 우리나라 농촌지역의 인구감소나 노령화 추세는 지속될 것이라는 전망이 우세하다. 이와 같이 농촌이 당면하고 있는 경제적, 사회적, 환경적 문제들을 해소하고 농촌지역 경제활동의 다각화, 판매망 구축, 에너지 자립, 순환경제 구축, 고령화 사회 대응, 공동체 활성화, 경관개선, 정주 환경 정비 등 다양한 분야의 개발을 목표로 한다. 과거 새마을 운동과 같은 농업생산성 증대나 환경 정비 중심에서 최근에는 농촌관광, 지역특화산업 육성, 도농교류 등으로의 전환이 시도되고 있다.[5)]

5) 오현석, 「농촌개발정책-메뉴방식에서 목표지향 방식으로」, 『시선집중 GSnJ, 201』, 2015, pp.6-9.

4. 지역과 문화기획[6)]

20세기 초반까지 문화는 정신적이며 관념적인 용어로서 주로 예술에 국한되는 개념이었고 이로 인해 인간이 수정하거나 재화화하는 것에 대한 반감이 존재하였기 때문에 '문화기획'이란 용어는 비교적 늦게 1960년대 유럽에서 사용되기 시작하였다. 1970년대 유럽의 대도시와 중소도시는 경제적, 인구학적인 변화에 직면하게 되었고 급속한 산업구조의 변화로 쇠락하는 도시들이 생겨나면서 도시재생전략의 일환으로 문화기획에 대한 관심이 높아지게 되었다. 문화와 문화 활동을 인간과 커뮤니티 발전의 원동력으로 이해하려는 움직임이 자연스럽게 생겨나게 된 것

6) 문화기획 부분은 2010년 캐나다의 창조도시 네트워크(Creative City Network of Canada)가 발간한 Cultural Planning Toolkit를 참고로 작성되었다.

이다. 현재 전 세계 커뮤니티들은 활발한 문화기획을 통해 문화발전을 도모하고 있다.

문화기획은 지자체가 문화자원을 발굴하여 지역사회의 발전을 성취하는 데 어떤 방식으로 도움을 줄 수 있을지 전략적으로 도움을 주는 포괄적인 커뮤니티 컨설팅 및 결정의 과정이다. 문화기획 과정에서 커뮤니티의 문화자원을 지자체의 다양한 활동으로 통합하는 직·간접적인 접근을 모두 포함한다. 특히 지역기반의 문화기획은 커뮤니티의 모든 문화자원 및 문화 활동을 커뮤니티의 자산으로 간주하고 이 자산들이 커뮤니티에 가져오는 다양한 혜택을 고려한다. 문화를 유럽 중심의 고급문화에 국한하기보다는 포괄적으로 이해함으로써 지역에 산재하고 있는 유·무형 생활문화자원을 비롯한 지역문화자원의 활용을 활성화한다.

[표 2] 지역기반 문화기획의 분류

지역기반 문화기획의 분류
종합적이고 상세한 문화기획
문화기획 프레임워크(framework)
단일 분야 문화기획
커뮤니티 문화지도
문화사정(cultural assessment)
세부적인 문화기획

[표 2]에서 보듯 지역기반 문화기획은 그 목적과 대상 지역에 따라 여러 개로 구분할 수 있다. 첫째, 종합적이고 상세한 문화기획은 커뮤니티 전반에 걸친 기획으로, 광의적으로는 컨설팅을 통해 누적된 통합적인 목표를 가진 문화를 이해하는 것을 목표로

삼는다. 기획초기부터 모든 참여 주체의 역할을 고려하는데, 단체, 정부기관, 주민, 예술가, 사용자, 투자자(예산) 등이 포함된다. 종합적인 기획으로서 다각적 측면의 검토와 아울러 많은 예산의 소요가 예상되므로 반드시 철저하게 데이터에 입각하고 관련 법률의 검토가 필요하다.

둘째는 문화기획 프레임워크로, 종합적 문화기획에 앞서 큰 틀을 제시하는 제안서와 유사하다. 미래에 더 세부적인 기획안을 도출할 수 있게 장기적인 목표로 기초 작업을 수립한다. 커뮤니티 참여의 과정을 통해 합의한 사항을 중점적으로 다루며, 기획의 배경, 정책 현황, 기획으로 인한 혜택, 전개방향 등을 포함한다. 사업의 전략이나 예산은 필수요소이다.

셋째, 단일한 분야에 대한 문화기획이다. 글자 그대로 세부적인 초점을 강조하는 문화기획이다. 예를 들어, 경남 통영시가 최근 지역문화자원개발의 수단으로 윤이상을 모티브로 한 '음악도시'를 표방하고 다양한 활동을 적극적으로 펴나가는 것은 단일한 분야에 대한 문화기획의 좋은 사례라 할 수 있다.

넷째, 커뮤니티 문화지도는 지역문화자원의 정체성을 규정한다. 지도를 통해 지역의 정치인, 공직자, 관광단체, 공공기관 등의 정보를 정확히 제공할 수 있다. 이는 추상적이고 광의적인 관점에서 세부적이며 구체적인 관점의 정보로 전환함을 의미하고 지역의 문화적 간극을 한눈에 볼 수 있게 한다. 협력적 과정에 근거하여 수집된 커뮤니티 문화자원과 커뮤니티의 요구, 문화정체성의 종합적 분석이 가능하다. 맵핑 과정을 통해 문화자원의 존재와 중요성에 대하여 주목을 끌 수 있기 때문에 문화기획의 초기 단계에서 매우 중요하다.

다섯째, 문화사정은 특정 그룹의 문화 양상을 알아내는 데 활용된다. 특정 대상의 문화적 요구를 평가하는 것, 커뮤니티 역량을 문화발전의 큰 틀 속에 놓는 것 등은 문화기획에서도 상대적으로 새로운 개념이다. 문화는 지역에서 삶의 방식을 결정하는 모든 것들의 총량으로 해석되기 때문에 지역문화 찾기, 지역문화의 역량과 자원 평가, 문화적 간극과 요구 등을 확인하는 것 등은 더 나은 커뮤니티를 위한 기획과정에 필수적이다. 세부적인 목표, 경제에 미치는 영향, 모금 활동, 시설 개발, 문화관광 등이 사정(assessment)의 대상이 될 수 있으며 사용자의 요구에 따라 전체적인 문항을 조정하여 제공할 수 있다. 수요자조사나 사업에 앞선 타당성 조사 등이 포함된다.

여섯째, 세부적인 문화기획으로 커뮤니티 내 특정 지역만을 목표로 하는 기획이다. 사례로는 최근 구두거리로 유명세를 탄 서울 성동구 성수동 수제화 거리나 영등포구 문래동의 철공소거리 등이 있다.

VI
지역문화자원개발의 유형

1. 슬로시티(slow city)

슬로시티는 1999년 이탈리아에서 슬로푸드 먹기와 느리게 살기 운동(slow movement)으로부터 출발하여 국제적인 네트워크로 성장하였다. 우리나라도 남양주 조안면을 비롯하여 전국에 걸쳐 15개의 슬로시티가 인증된 상태이다. 슬로시티로 인증 받게 되면 우선적으로 관내에서 생산되는 모든 농축산물에 슬로시티 브랜드를 사용할 수 있으며 전 세계 슬로시티네트워크에 자동으로 가입됨으로써 다양한 콘텐츠를 공동 개발하고 인적·물적 자원을 교류할 수 있는 기회를 얻게 된다.

국내 여러 도시들이 슬로시티에 가입하기 위하여 치열한 경쟁을 전개하고 있는 상황이지만 실질적으로 슬로시티가 추구하는 '느린 삶'을 위한 가입요건을 충족할 수 있는 지역은 많지 않다. 이러한 맥락에서 우리나라에서는 주로 면이나 리 단위에서 관련

영월 슬로시티 동굴생태관
(출처: www.gangwon.to)

최초의 슬로시티 오르비에토(이탈리아)
(출처: www.cittaslow.org)

사업을 진행하고 있다. 슬로시티 지정에는 6개월~10개월 정도가 소요된다. 지정 절차는 1) 설명회 2) 희망 지자체 신청 접수 3) 서류점검 및 검증(희망 지자체 자체 평가 및 치타슬로 코리아 네트워크 평가)을 통해 국내 실사 후보지 선정 4) 국내 후보지 실사를 통한 1차 후보지 선정 5) 연맹본부 실사단에 의한 실사 6) 최종 서류 점검 및 검증 7) 최종 선정이라는 7단계를 거치게 된다. 슬로시티로 선정되면 전통과 자연생태를 슬기롭게 보전하면서 느림의 미학을 기반으로 인류의 지속적인 발전과 진화를 추구해 나가는 도시라는 뜻에 걸맞게 환경과 주민의 삶의 원형을 보존해야 한다. 매 4년마다 재심사가 이루어지는데 현재 슬로시티 가입 요건은 인구가 5만 명 이하이고, 도시와 주변 환경을 고려한 환경정책 실시, 유기농 식품의 생산과 소비, 전통 음식과 문화 보존 등이다. 우리나라는 2018년 현재 신안, 완도, 담양, 하동, 예산, 남양주, 상주, 청송, 영월, 제천, 태안, 영양, 김해, 서천, 전주 등 15개 지역이 선정되어 있다.

2. 에코뮤지엄(ecomuseum)

에코뮤지엄은 생태를 의미하는 에콜로지(ecology)와 박물관을 의미하는 뮤지엄(museum)의 합성어이다. 이 개념은 1970년대 프랑스의 앙리 리비에르(Georges Henry Riviere)에 의해 처음으로 주창되었다. 일부 국가에서는 유사한 개념인 오픈에어박물관(open-air museum), 아웃도어박물관(outdoor museum), 리빙박물관(living museum) 등의 용어로 대체 사용되기도 한다. 에코뮤지엄은 인간, 자연, 생태자원과 산업, 그리고 문화유산을 아울러 특정 지역을 박물관의 범주로 지정하는데, 지역 전체가 유기적으로 구성되며 주민이 자발적으로 운영에 참여한다는 특징을 가지고 있다. 즉, 단순히 유·무형의 자원을 제한된 공간에서 보여주는 기존의 전통적인 박물관의 개념에서 벗어나 해당 지역의 문화자원이 만들어지기까지의 과정을 담고 있으며 지역주민들의 삶의

흔적을 전시함으로써 지역 전체가 하나의 박물관이 되는 것이다. 주민들이 참여하는 지역유산(heritage)과 박물관의 활동이 균형을 이룬 상태에서 통합적으로 밀접한 네트워크를 형성하게 될 때가 에코뮤지엄의 가장 이상적인 모습이라 할 수 있다. 에코뮤지엄은 현재 지역발전을 위한 지속가능한 대안책으로 떠오르고 있으며 지역의 문화적, 역사적 자원의 보전을 바탕으로 그 자원의 부가가치를 최대한 끌어올려 지역주민들의 소득과 삶의 질을 높이는 창조산업의 일환으로 제시되고 있다. 에코뮤지엄의 기본요소로 다양한 유산(새털라이트, satellite)을 연결하는 네트워크와 그 네트워크를 조정하는 시스템이 필요하다.

에코뮤지엄은 첫째, 어느 일정한 '영역'(territory)을 대상으로 하며, 따라서 경계영역을 설정하는 것이 필요하다. 경계영역의 기준이 되는 것은 산이나 강 등의 자연특성, 문화와 시설 등의 문화특성, 광산, 공장 등의 산업유산 등이 있으나 일본의 경우 행

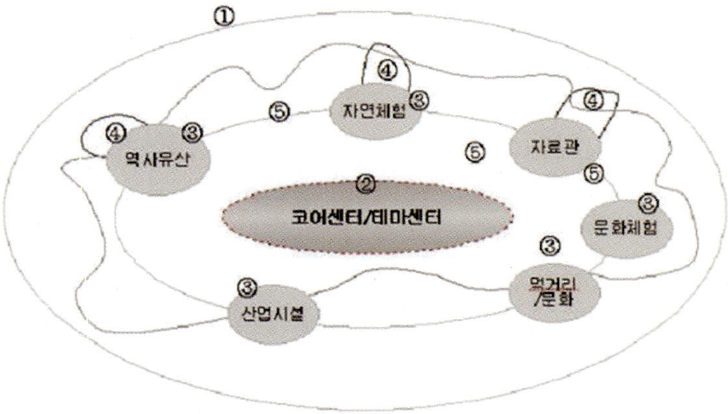

에코뮤지엄의 구성요소

정구역에 의해 경계가 결정되는 경우가 많다. 둘째, 에코뮤지엄의 본부기능을 하는 시설, 즉 코어/테마센터가 구성요소로 필요하다. 이 시설은 지역의 역사, 자원, 유산을 한눈에 전시할 수 있는 기능을 수행하며 지역 조사, 연구, 학습이 통합적으로 일어나는 장소이다. 셋째, 현지에서 보존되어야 할 지역유산을 뜻하는, 즉 박물관의 개별 전시물과 유사한 개념의 새털라이트들이 통합에 의해 전체 에코뮤지엄의 성격을 표현한다. 일반적으로 새털라이트는 자연유산, 문화유산, 산업유산 등 크게 세 가지로 구분한다. 넷째, 새털라이트를 견학하기 위한 길인 '발견의 길'(discovery trail)을 갖추어야 한다. 마지막으로 네트워크가 필요하다. '발견의 길'이 하나의 새털라이트 내부 및 주변지역을 둘러볼 수 있는 길이라면 네트워크는 코어센터나 새털라이트 등을 연결하는 교통연락망을 의미한다.

에코뮤지엄 개발방식을 효과적으로 추진하기 위해서는 지역 내에 산재해 있는 유·무형 관광자원들이 일정한 체계 속에 이용될 수 있도록 관광자원의 특성 및 유형별 분포상황, 소재지역과 입지특성 등을 고려하여 에코뮤지엄 영역을 설정하고 배분하는 작업이 선행되어야 한다. 일정한 영역을 대상으로 하는 에코뮤지엄 방식의 개발은 지역 내 유인성이 낮은 관광자원들을 서로 통합적으로 접근할 수 있도록 유도함으로써 시너지 효과를 발휘할 수 있다. 기존의 폐쇄적인 지구 단위의 개발보다 관련 자원 및 시설의 개방적인 연계를 통한 선(線)적, 면(面)적 개발 방식으로의 전환을 통해 강한 지역성을 표출할 수 있다. 관광객의 체류 시간 및 활동 범위를 증가시켜 지역관광 소득에 긍정적인 효과가 있다.

3. 문학관광

문학은 시대의 흐름에 따른 변화를 스스럼없이 표현한 창작물의 결정체, 혹은 그 시대의 현상을 표현한 결정체이다. 또한 문학은 한 국가에만 존재하는 작가와 작품이라는 성격의 유일성을 특징으로 한다.[1] 문화관광객은 작품 또는 작가와의 통시적 교감이라는 고부가가치의 문화자원을 향유하는 데 기꺼이 문학순례를 마다하지 않는다. 이러한 점에서 문학관광은 일반인들의 문학에 대한 관심을 유도하고 지역 활성화까지 기여한다. 문학관광지에는 유명 작가의 고향이나 그의 궤적이 남아 있는 곳, 생을 마감한 곳, 또는 알려진 작품의 소재지가 해당되기 때문에 문학을 통해 작품을 해석하고 문학적 영감을 얻고자 하는 문학관광객의

1) 전윤경, 「문학관광자원으로 본 문학관의 활성화 방안 연구」, 『문화콘텐츠연구』, 제13호, 2018, p.143.

프란츠 카프카 박물관
(출처: www.guide-prague.cz)

프란츠 카프카 광장
(출처: www.guide-prague.cz)

발걸음이 끊이지 않는다. 이처럼 문학관광은 독자나 작가 지망생 또는 일반 관광객일지라도 작품의 추억과 그 속에서 펼칠 수 있는 상상력을 북돋아 주는 것뿐만 아니라 문학관광지에 물리적 기여 또한 크다. 지역에서는 문학관을 건립하고 문학을 주제로 한 축제를 열기도 하며 작가의 흔적을 따라 '길'을 만들기도 한다. 문학관광지는 지역의 일자리를 늘리고 각종 인프라의 개발에 기여한다. 체코 프라하의 카프카 관광, 영국 스트랫포드의 셰익스피어 관광 등은 매년 수만에서 수백만 명이 찾는 대표적인 문학관광도시이다.

우리나라의 문학관광지는 2000년대 이후 급격히 증가하고 있는데, 이는 중앙정부 또는 지자체의 정책적 판단에서 비롯되었다고 볼 수 있다. 아직은 중앙정부 차원의 일천한 역사에 불과하지만 문학관광지 중 강원도 봉평과 같이 민관의 협력 속에서 문학을 매개로 지역 브랜드를 만들어 나가는 곳도 생겨나고 있다. 18세기부터 작가의 집을 연계하는 문학기행을 해온 프랑스의 경우 문학관광지와 인근 유적지를 한데 묶거나 생태자원과 함께 즐길 수 있는 프로그램, 또는 작품 당시의 인문지리적 환경을 체험하는 프로그램을 연계하는 등의 사업에 주력하고 있다.[2)]

2) 손정훈, 「프랑스의 문학기행루트」, 『프랑스문화예술연구』, 제33, 2010, pp.659-661.

4. 다크 투어리즘(dark tourism)

사상 최악의 방사능 누출이라는 대재앙의 진원지였던 원자력 발전소, 수백만 명이 무고하게 학살당한 킬링필드, 홀로코스트의 기억이 남아 있는 유태인 수용소, 연쇄살인범의 집, 교도소 사형 집행실 등 과거에는 결코 가까이 가고 싶지 않았던 장소들이 창조적인 스토리텔링의 옷을 갈아입고 기억을 통해 과거로의 회귀를 원하는 관광객들에게 흥미와 관심을 끌고 있다. '어두움', '음습함', 또는 '암울함' 등의 부정적인 단어로 많이 사용되는 다크(dark)와 관광이 합쳐진 다크 투어리즘 또는 블랙(black) 투어리즘은 1990년대 후반에 처음으로 소개되었다. 이 용어는 죽음이나 고통과 연관되어 있는 장소를 여행하는 관광을 통칭한다. 우리나라의 경우, 다크 투어리즘의 장소들이 일제강점기, 한국전쟁 그리고 각종 재난 및 사건·사고와 연계되어 있어 부정적인 이미

베트남 구찌 터널
(출처: www.likewind.net)

과거 재현 장면
(출처: www.likewind.net)

지가 강해, 그 결과 이런 장소들이 방치되거나 해체의 길을 걷는 것이 일반적이다. 그러나 2000년대 들어와 관련 장소들은 기억의 공감을 통해 역사에서 교훈을 얻을 수 있는 대상으로 인식되고 있다. 이러한 맥락에서 다크 투어리즘을 역사교훈여행이라 순화하여 부르기도 한다. 관광객들에게 다크 투어는 단순한 호기심을 자극하는 여행이기도 하지만 비극과 슬픔을 공감하기 위해 떠나는 여행이면서 동시에 인간의 탐욕으로부터의 교훈, 위대한 자연의 위력 앞에 겸손해야 함을 자각하는 여행이다.

5. LQC(좀 더 가볍게 빠르게 값싸게)

좀 더 가볍게(lighter), 빠르게(quicker), 값싸게(cheaper)를 의미하는 LQC는 기본으로 돌아가자(back to the basics)는 기치 아래 하향식의 지역개발에서 주민들이 참여하는 즉각적이며 저비용으로 쉽게 접근할 수 있는 방식을 모색한다. LQC의 대상은 시 소유의 유휴지나 구도심 거리 등 공공적이며 많은 유동인구가 몰리는 곳이 주로 선정된다. 고속도로나 다리를 건설하는 데에는 거대자본이나 많은 인력의 투입이 요구되지만, LQC는 이와 같은 고도의 전략과 엄청난 예산이 소요되는 거시적인 사업이 아니라 간판 정비, 벽화 그리기, 도로 휴지통디자인 교체 등 간단한 지역미화사업이나 정비를 포함한다. 또한 시의 유휴지나 빌딩 사이의 빈 공간을 거리 카페나 야외극장, 미니 콘서트장 등으로 활용한다거나 지역주민이나 상인들의 자조 모임을 조직하는 것 등 인적

자원과 지역 공간 간에 일체감을 높여 원활한 소통을 독려하는 미시적인 활동이라 할 수 있다.

LQC의 가장 큰 장점은 직접적인 주민참여를 이끌어 내어 즉각적으로 사업을 구상하고 바로 테스트할 수 있다는 점이다. 장기적인 발전계획에 비해 비용이 적게 드는 대안 제시가 가능하다. 그렇지만 저비용에도 불구하고 지역사회에는 폭넓은 혜택을 돌려줄 수 있다. LQC는 다음과 같은 긍정적인 효과가 있는 것으로 알려져 있다.

① 쇠락한 공공장소에 활력을 불어넣는다.
② 보수적인 주민이나 지역사회에 무관심한 취약계층의 설득이 용이하다.
③ 시범 사업에 성공함으로써 잠재적으로 투자자들의 관심을 끌 수 있다.
④ 주민들의 결속력을 고취하여 지역 활동에 참여를 유도한다.
⑤ 지역 문제 해결을 위해 집단적인 해결방안의 도출이 가능하다.

갤러리로 변모한 컨테이너(출처: www.citycollaborative.org)

생맥주점으로 재탄생한 유휴 공간(출처: www.citycollaborative.org)

6. 로컬푸드(local food)

로컬푸드는 글자 그대로 지역을 의미하는 로컬(local)과 음식(food)이 결합하여 만들어진 합성어로서 지역에서 생산되는 먹거리를 밥상 위에 올리는 것을 목적으로 한다. 로컬푸드 운동이 전 세계적으로 확산되는 데는 2000년 중반 미국에서 시작된 로커보어(locavore)라는 안전한 먹거리에 대한 소비자운동이 발단이 되었다. 이 용어는 지역이라는 의미의 '로컬(local)'과 먹는다는 뜻의 'vore'에서 파생된 것으로서 '지역에서 생산된 음식을 먹는 사람'이라는 의미를 나타낸다. 가까운 지역에서 재배된 신선한 농산물을 먹자는 운동은 건강한 먹거리에 관심이 큰 도시민들 사이에서 커다란 반향을 일으켰고, 로카보어는 마침내 2007년 옥스포드 사전의 '올해의 단어'로 채택될 정도로 높은 인기를 끌게 되었다. 그 결과 지역 농가와 농산물에 대한 지원과 구매는 열렬

한 지지를 얻으며 체계적인 소비자운동으로 확산되었다. 미국 내에서 로카보어는 대개 지역의 반경 50-100마일(80km-160km) 이내에서 생산된 음식을 구매하고 소비하는 운동을 가리키는 말로 규정한다. 로카보어 운동의 세부 목표는 다음과 같다. 첫째, 가장 가까운 농축산 시장에서 음식을 산다. 둘째, 먹는 음식에 대해 호기심을 유지한다. 셋째, 도시 농민이 된다. 넷째, 농축산물의 생산, 유통, 구입의 과정을 공동으로 관리, 감독할 수 있는 커뮤니티 키친(Community Kitchen)을 조직한다. 다섯째, 지역 내 농축산 종사자들을 지원한다. 마지막으로, 유기농 먹거리를 소비한다.

이처럼 로카보어 운동은 친환경적으로 먹거리를 즐기면서 어려움에 처한 농촌을 도울 수 있는 도농 간 소통 방식의 중요한 사례가 됨으로써 현명한 소비와 동시에 사회적 연대감을 제고하여

완주군 해피스테이션 모악점(출처: 농촌여성신문)

생산자와 소비자 모두의 지지를 끌어내고 있다. 건강에 좋은 음식을 소비하기 위한 적절한 장치로 로카보어 운동은 다양한 방식으로 음식 공급 체계를 유지할 수 있으며 농촌은 지역공동체의 결속을 강화하고 지역경제의 활성화를 꾀할 수 있다.

이러한 측면에서 전라북도 완주군은 한국형 로카보어운동이 성공적으로 안착한 지역으로 손꼽힌다. 완주는 2012년 출범한 이후 로컬푸드 생산과 소비를 촉진할 수 있는 지역시장을 확충하고 생산, 자가 유통, 농산물 체험 등을 통합적으로 운영하는 6차 산업화를 촉진하고 견인해 왔다. 농가가 직접 재배한 농산물과 농민 가공센터를 통해 가공품을 생산하고 로컬푸드 직매장에 스스로 진열·판매까지 하는 새로운 방식으로 유통마진을 최대한 줄임으로써 식재료를 저렴한 가격에 공급할 수 있게 되어 매출 증가 효과를 보고 있다. 협동조합에서 운영 중인 10개 로컬푸드 직매장에서는 당일 수확한 상품을 판매하고, 3개 농가 레스토랑은 농가 계약재배를 통해 건강한 식재료를 확보하여 부가가치를 높이고 있다. 완주군에 따르면, 로컬푸드 매장 개장 첫해 54억원의 매출을 기록한 후 2017년에는 12곳의 매장에서 누적매출이 1,492억에 달하게 되었다. 완주의 성공사례는 사양산업으로 여겨지던 농업도 경쟁력을 갖추면 얼마든지 지역융성의 기반이 될 수 있다는 것을 보여준다.

로컬푸드 매장과 같은 농축산 플랫폼은 생산자와 소비자를 연결하는 상호 교류의 장으로서 직접적인 생산자 외에도 농촌지자체, 지역 내 NGO나 지역협동조합과 같은 농축산물 공급과 관련한 주체들이 플랫폼에 포함되며 도시 지자체와 도시지역 NGO, 소비자단체 등 도시 소비자 및 관련 기관 역시 유·무형의 농축산 플랫폼 시스템에 포함된다. 로카보어 운동의 성공적인 정착을 위해서는 지자체는 지역 농경의 특징을 반영하는 농경 정책을 실행하고 플랫폼 구축을 위한 지원 프로그램을 수립하여야 한다. 이는 지역의 농축산생산물의 관리 및 감독, 관광연계 프로그램 개발, 마케팅 전략 수립, 농축산물 인증제 도입, 도시소비자와의 네트워크 구축 등을 포함한다. 지역의 생산자들은 협동조합이나 사회적 기업 등의 설립을 통해 생산자 교육, 농축산물의 품질 관리 및 서비스 개선에 공동 대응함으로써 지속가능한 농축산물 판매망을 구축할 수 있다. 먹거리 안전에 대한 관심이 커지고 주5일제 근무 및 학교 수업의 실시와 함께 근거리 여행과 같은 레저 활동의 수요가 늘어나고 있는 가운데, 지역은 로카보어 정신을 기반으로 하여 지역의 경제활동에 활기를 불어 넣고 지역 이미지를 제고할 기틀을 마련할 수 있을 것이다.

7. 송 에 뤼미에르(son et lumiere)

빛은 도시경관의 매우 중요한 요소이다. 유적지를 훼손하지 않으면서 조명을 설치할 수 있게 하는 프로젝션 맵핑의 발전으로 건물에 조명을 투사하면서 야경을 아름답게 장식하는 송 에 뤼미에르 쇼가 야행(nighttime entertainment)을 대표하는 관광으로 자리 잡고 있다. 송 에 뤼미에르는 1950년대 초 프랑스의 루아르 강변에 있는 샹보르 궁성에서 '역사유적 야간쇼'라는 형태의 프로그램을 기획한 것이 최초로 알려져 있다.[3] 이 용어는 프랑스어로 '소리(sound)와 빛(light)'을 의미한다. 화려한 조명을 건물이나 다리와 같은 구조물 또는 암벽과 강물, 심지어는 나무와 풀 같은 자연적 지형지물에 쏘아 올리는 것으로 체류형 관광을 독려하여 지역의 소득 증가에도 기여한다. 송 에 뤼미에르의 소재는 무궁무진하

3) 임동욱, 「'빛과 소리의 쇼'를 통한 역사유적의 장소성 극대화-프랑스 '송에뤼미에르'콘텐츠의 발전 과정」, 『글로벌문화콘텐츠』, 제23호, 2016, pp.156-157.

지만 주로 역사적인 사실의 스토리텔링이나 예술성 있는 종교 소재가 활용되고 있다. 캄캄한 밤 야외에서 펼쳐지는 이 환상적이고 몽환적인 조명쇼는 지역의 정체성을 보존하면서 '야행'의 조건을 갖춘 새로운 유형의 관광자원이다. 밤에 이루어지는 송 에 뤼미에르를 통해 관광객은 낮에 만나는 지역의 문화유산과는 또 다른 얼굴을 마주하게 된다. 역치 공간(liminal space)으로서 새로운 경험을 창조하고 관람객은 동일한 공간이지만 시차를 두고 완전히 변모한 공간에서 중층적인 경험을 느끼며 관광의 즐거움을 최대한 만끽할 수 있다. 빛은 어둠이라는 두려운 감정을 소멸하는 훌륭한 기제이며 정화와 안전, 그리고 편안함을 가져온다. 조명과 아울러 음악은 이러한 감정의 산물을 극대화하고 단순한 공간은 특색 있고 고유한 공간으로 탈바꿈한다.

프랑스 리용의 상폴역 송 에 뤼미에르쇼(출처: www.fetedeslumieres.lyon.fr)

8. 지역과 문화정책

1) 유럽의 문화수도 프로젝트

'유럽문화도시'(European City of Culture) 프로그램을 계승한 '유럽문화수도'(European Capital of Culture) 프로그램은 그동안 다양한 문화행사를 통해 유럽 도시들의 문화적 다양성과 풍부함을 부각시키는 데 기여해왔다. 이 프로젝트는 1985년에 그리스의 문화장관 멜리나 메르쿠리(Melina Mercouri)의 제안으로 유럽공동체의 상호이해와 협력을 돈독히 하기 위해 제정되었다. 유럽문화수도는 유럽 내 문화다양성의 증진, 유럽시민이 공유하는 문화적 요소의 부각, 유럽공동체의 결속감 제고, 도시 발전에 문화적 기여 등을 목표로 한다. 문화수도에 선정된 도시는 도시에 활력을 불어넣고 도시 이미지를 개선하며 주민참여로 애향심을 고취하는 부수적인 효과를 누리는 것은 물론 관광객의 유입이 증가하는 등 도시의 문화역량을 키울 수 있다.

문화수도들이 관광효과를 톡톡히 누리자 선정 절차도 까다로워지고 후보 도시들 간의 경쟁도 치열해졌다. 초창기 매해 유럽 전체에서 1개 도시를 선정했으나 2005년부터는 회원국이 돌아가며 2-3개 도시를 한꺼번에 선정해오고 있다. 문화수도를 지원하는 후보 도시는 적어도 희망년도 6년 전부터 자국의 문화부를 통해 준비과정에 들어가게 된다. 제안서를 제출하면 문화계 인사들로 구성된 독립적인 패널이 심사에 들어가 후보 도시를 1차 선정하고 이들 도시에 상세한 기획안을 제출하도록 요청한다. 최종후보들에 대한 철저한 심사가 이어지고 유럽위원회는 EU의 규정대로 심사가 진행되도록 관리하게 된다.

보통 문화수도는 실제 시행년도보다 4년 정도 미리 발표된다. 이는 다양한 행사를 기획하고 인프라의 확충 등 문화적 역량을 최대한으로 끌어올려 도시를 연출하고 새롭게 유입될 관광객을 맞이하기 위한 일종의 준비 기간이라 할 수 있다. 유럽위원회가 후원하는 패널은 남은 기간 동안 컨설팅에 참여하고 경험을 공유하면서 문화수도가 만반의 준비를 갖출 수 있게 지원한다. 2019년 문화수도는 이탈리아의 마테라(Matera)와 불가리아의 플로프디프(Plovdiv)가 선정되었다. EU는 이미 2023년까지 문화수도를 선정하였고 이 도시들에 대한 측면 지원에 들어갔다.[4]

---

4) 유럽위원회 공식홈페이지, https://ec.europa.eu/programmes/creative-europe/actions/capitals-culture_en, 검색일자: 2019년 1월 4일.

2018년 문화수도로 선정되었던 몰타(Malta)의 발레타(Valletta)는 전통문화유산의 중요성을 깨달을 수 있는 계기를 맞았다. 북아프리카와 유럽 사이에 위치하고 있는 작은 나라 몰타는 두 대륙의 문화가 묘하게 조화를 이루는 지역적 특색을 마음껏 펼칠 수 있었다. 2018년 한 해 동안 140개가 넘는 프로젝트가 진행되었고 400회 이상의 각종 이벤트가 열렸다. 발레타를 대표하는 몇몇 건물들은 문화수도로 선정되면서 복원되었고 시 정부는 누구든지 이벤트에 참여할 수 있는 개방적인 환경을 조성하였다. 2013년 문화수도인 프랑스의 마르세이유(Marseille)는 천백만 명의 관광객이 방문한 것으로 조사돼 이 프로젝트 시행 이후 최고의 방문객 수를 기록하였다. 2016년의 폴란드 바르샤바(Warsaw)는 도시의 문화 관련 산업이 40% 증가한 것으로 보고되었다. 520만여 명의 관광객 중 외국인은 160만여 명이 찾은 것으로 나타났다. 2015년에는 맥주로도 유명한 도시 체코의 필센(Pilsen)이 문화수도로 선정되었는데, 공적 공간에서 '도시를 육성하자'(Foster the City)라는 기치 하에 도시 곳곳을 정비하고 기금모금, 주민의 자질 계발, 전문가 지원 등 커뮤니티의 적극적인 참여를 이끌어냈으며 주민 개개인과 공동체의 지속적인 발전을 도모하였다. 2008년 문화수도인 영국의 리버풀은 관내 거의 모든 학생들이 최소 한 개 이상의 이벤트에 참여한 것으로 나타났다. 1년간 10,000명이 넘는 자원봉사자가 활동하였다. 2016년 스페인의 도노스티아-산세바스찬(Donostia-San Sebastian)은 프로젝트의 약 60%가 지역주민들의 주도로 진행되었다. 적극적인 지역민의 참

여는 '공존을 위한 문화'라는 목표에 한걸음 더 가까이 갈 수 있게 하였다.[5)]

2) 미국의 국립예술기금(National Endowment for the Arts, NEA)

미국 의회는 1965년 '국립예술기금'(National Endowment for the Arts, 이하 NEA)을 독립기구로 설립할 것을 의결하였다. 1966년, 설립 첫 해 NEA는 연방 기금 250만 달러를 기반으로, 6개 장르(음악, 무용, 문학, 미술, 연극과 교육)의 22개 단체와 135명의 개인을 지원하였다.[6)] 이후 NEA는 모든 자국민들에게 예술분야에서 다양한 기회를 부여함으로써 지역사회의 창의적인 역량을 기르는 것을 목표로 50억 달러를 지원해왔다. 이 기금은 주정부의 예술지원기관, 지역사회 리더, 기타 연방기구, NGO들과 연계하여 사업을 확장해 오고 있다. NEA의 수혜자들은 145,000여 가지의 명목으로 기금을 수령했는데, 베트남 참전용사 추도 디자인 경진대회, 선댄스 영화제, 스폴레토 음악페스티벌 USA(Spoleto Festival USA), PBS의 대단한 공연 시리즈(Great Performance series), 미국영화연구소(American Film Institute) 등이 지원대상이 되었다. 지난 50년간 NEA는 공연, 전시, 축제, 예술가 레지던시, 기타 전국의 예술 프로젝트의 지원을 통해 창의성을 제고하

---

5) European Capital of Culture Fact Sheet, https://ec.europa.eu/programmes/creative-europe/sites/creative-europe/files/library/ecoc-fact-sheet_en.pdf, 검색일자: 2019년 1월 5일.

6) 양혜원, 「지역분권 관점에서의 주요국가 예술지원정책 분석 연구: 영국, 프랑스, 미국을 중심으로」, 한국문화관광연구원, 2018, pp.209-210.

고 있다.

NEA는 기금의 40%를 주정부와 주관할 예술기구에 지원하고 있다. 기금의 신청자는 예술적 재능에 기반을 두고 엄격한 심사를 거치게 된다. 주로 3단계의 심사를 거치게 되는데, 먼저 미 전역에서 선정한 독립적이고 공정한 시민 패널이 지원자의 자격을 심사하고 이들이 작성한 추천서는 국립예술위원회(National Council on the Arts)로 전달된다. 위원회는 NEA의 자문단으로서 대통령과 의회가 지명한 독립적이며 세계적인 명성을 지닌 예술가, 학자, 예술후원가들로 구성된다. 이들의 심사의견서는 NEA에게 송부되고 NEA 의장이 심사서를 바탕으로 최종 결정을 내리게 된다.

NEA는 개인뿐만 아니라 단체에도 보조금을 지급하고 있다. 예술가협회, 예술교육, 무용, 디자인, 민속 및 전통예술, 문학, 지역예술, 미디어예술, 박물관, 음악, 뮤지컬, 오페라, 융복합 극예술, 시각예술 등 각종 예술 분야 단체들이 지원 대상이다. 지원단체는 비영리단체로서 최소 3년 동안 예술 활동을 하고 있으며 NEA가 요구하는 관련 활동에 관한 보고서를 제출해야 한다. 보통 한 단체 당 1년에 1회 지원만 받을 수 있으며 한시적으로 운영되는 단체나 신설 기구, 건설이나 구매활동과 관련한 창작(creation), 초·중·고등학교 등 단일 학교에는 지원하지 않는 것을 원칙으로 한다. 선정된 단체는 최소 만 달러(약 천백만원)에서 10만 달러(약 일억천만원)의 기금을 지원받는다.

NEA의 '챌린지 아메리카' 프로그램은 중소규모 단체의 조직을 지원하는 것을 목표로 한다. 지역사회에서 만들어지는 소규모 페스티벌, 독서클럽, 공연, 방송, 전시 등을 지원하며 지리적, 사회적, 문화적으로 소외되거나 제한적인 계층에게 문화자본을 확보할 수 있도록 하는 데 초점을 맞추고 있다. 지원자로 선정되면 만 달러의 기금을 보조받게 된다.

'우리 동네'(Our Town) 프로그램은 글자 그대로 지역사회의 창조적인 장소성을 함양하는 것을 목표로 한다. 유·무형의 사회적 성과를 도출하고 지역사회 발전의 밑거름으로 작용할 수 있는 디자인 활동, 융합예술, 문화프로젝트를 지원한다. 규모와 관계없이 미국 내 거의 모든 지역사회들이 이 프로그램의 혜택을 받은 바 있다. 보조금 액수는 보통 2만5천 달러(약 2천8백만원)에서 20만 달러(약 2억 2천만원) 사이로 책정된다.

'문학기금'(Literature Fellowships)은 창의적인 작가와 번역가를 위해 운영되는 기금이다. 격년으로 소설 및 산문 분야와 시문학 부문이 번갈아 선정된다. 지원자의 작품은 익명으로 심사절차를 거치며 선정된 작가에게는 2만 5천 달러를 지원한다. 번역가에게는 만2천5백 달러에서 2만 5천 달러 사이에서 보조금을 지급한다. 이밖에도 연방정부가 수여하는 공로기금으로 재즈마스터기금, 국립유산기금, 국립예술메달기금 등이 있으며, NEA 파트너십 프로그램을 통해 주(state)와 지역사회 내 예술단체, 예를 들면, 예술인적자원TF, 예술교육파트너십, 블루스타박물관, 시민농촌디자인연구소, 군힐링예술네트워크(Military Healing Arts

Network) 등과도 긴밀한 협력관계가 형성되어 있다.[7]

3) 국내 문화정책

이번에는 2017년 문화관광부의 보고서 「미래문화정책의 방향과 과제」에서 분석한 역대 정부의 문화 관련 국정과제 및 문화계획의 내용을 소개하고 문화정책의 흐름과 국제적인 이슈를 살펴보고자 한다. 보고서에서 다루고 있는 노무현정부에서 문재인정부의 문화정책의 흐름을 보면, 노무현정부에서는 '민주주의', '복지', '삶의 질', '균형발전' 등을 강조한데 비해 이명박정부에서는 '시장경제', '복지', '세계화' 등에 초점을 맞추었으며 박근혜정부에서는 '경제', '행복', '평화통일' 등과 함께 '문화융성'을 강조했다. 문재인정부에서는 '국민주권', '민주주의', '삶의 질', '자치분권', '균형발전' 등을 키워드로 설정하였다.[8]

국제사회가 관심을 갖고 있는 공통의 문화 의제는 문화의 개념이 정치·경제·사회 분야로 확장하면서 점차 다양하게 수렴되고 있다. 유네스코는 주도적으로 '문화와 발전'이라는 흐름을 이어가고 있는데, 문화 의제는 '문화다양성'을 거쳐서 '문화교류와 혁신', '창조성과 참여' 등으로 확장하고 있다. 최근에는 지속가능한 발전이라는 흐름 속에서 '문화민주주의', '지역과 도시', '문화와 기술의 융합'이 강조되고 있다. 문화가 인류 공동의 유산으로

7) "NEA Guide," 2018, pp.2-14.
8) 이상열, 정종은, 「미래 문화정책의 방향과 과제」, 한국문화관광연구원, 2017, pp.27-29.

서 개인적, 집단적 풍요를 위한 자원인 동시에 후세대를 위한 혜택으로 인식을 전환한 유네스코의 '문화다양성선언'은 현재도 문화다양성을 주요 의제로 우선시하는 계기가 되었다.

'지역과 도시'에 관한 의제에서는 도시와 커뮤니티의 지속가능한 발전, 도시 간, 국가 간 대화와 협력이 강조된다. 예를 들면, 세계 189개국 1,200여 개의 지자체를 회원으로 둔 '세계지방도시연합'은 도시 간 국제협력 증진, 지방자치단체 발전 프로그램, 네트워크, 파트너십 형성, 자치단체역량 증대, 국제사회에 자치단체 간의 협력을 통한 가치와 목표, 이해를 추구를 위한 제언 등의 활동을 하고 있다.[9] '문화민주주의'는 1998년 스톡홀름 회의 이후 국제사회의 문화 의제에서 더욱 강조되고 있다. 문화의 향유와 접근성 증진이라는 '문화의 민주화'에 비해서 문화민주주의는 참여, 동등한 권리, 실천을 강조한다. '문화와 기술의 융합'은 빠르게 발전하는 기술을 활용하여 문화의 가치와 영향력의 확산, 예술적 실천 등을 모색한다. 또한 경제 및 산업과의 관계에서 문화의 역할 및 거버넌스처럼 '문화, 기술, 창의성'이 융합이 심층적으로 고려되고 있다.

이와 같은 국제적인 조류는 우리나라 문화정책에도 영향을 주고 있으며 국가정책 전반에서 문화가 차지하는 비중이 점차 높아지고 있다. 특히, 2018년 10월 광주광역시에서 열린 아시아문화포럼에서 제기된 것처럼, 현재는 디지털기술과 인문융합, 그리고

---

9) 대한민국시도지사협의회 홈페이지, https://www.gaok.or.kr/gaok/main/contents.do?menuNo=200182, 검색일자: 2019년 1월 5일.

미래도시가 주목되고 있으며 기술과의 융합 및 그 활용 방안에 대하여 정책적 차원에서의 접근이 시도되고 있다. 정부의 성격에 따라, 다시 말해 정치적 견해 차이에서 다소 문화정책에 변화가 있을지라도 문화의 가치와 존재 이유에 대한 정책적 판단은 선제적으로 내려져야 할 것이다.

VII
국내외 지역문화자원 활용 사례

1. 역사문화자원

1) 전라북도 전주 한옥마을

전라북도 전주의 한옥마을[1]은 연 1천만 명 이상의 관광객이 탐방하는 관광 명소이다. 한옥마을은 일제강점기에 일본인들의 거주 및 상업 공간의 확대로 전주 지역 상당수가 잠식당하자 이에 대한 반발로 한국인들이 근대식 한옥들을 짓기 시작한 데서 비롯되었다. 1960-70년대에는 전주 지역에서 명문학군의 거점으로 자리 잡았고, 인근에는 일곱 개가 넘는 학교들이 모여 있게 되었다. 지역 유지들은 자녀의 교육을 위해 풍남동 일대에 집을 구입하였고, 인근 지역에서 온 유학생들은 한옥마을에서 자취나 하숙을 하며 수학했다. 근대 도시형 한옥들로 형성된 전주 한옥마을은

1) 전주시청 홈페이지, http://tour.jeonju.go.kr/index.9is?contentUid=9be517a74f72e96b014f8332a1e4145f, 검색일자: 2018년 12월 15일

전주한옥마을 전경(출처: 위키피디아)

한옥마을 거리공연(출처: www.newsway.co.kr)

1970년대까지만 해도 부촌이었으나 제조업이 도심 외곽으로 이전하고 점차 주거 환경이 변화함에 따라 쇠락하기 시작하였다.

1977년 한옥보존지구로 지정되면서 건축물로서 한옥은 보존될 길이 열리게 되었지만, 그럼에도 불구하고 마을은 급격한 공동화(空洞化) 현상을 겪기 시작하였다. 이에 따라 1987년 전주시는 한옥보존지구를 '제4종 미관지구'로 변경하고 건축규제 완화 시책을 시행하였다. 1997년에는 미관지구가 폐지되어 법적 규제가 사라짐에 따라 양옥 건축이 허용되었지만 건설 경기 불황과 IMF 여파로 신규 가옥 건축은 많지 않아 한옥마을 전체로는 큰 훼손 없이 현재의 모습을 유지할 수 있었다.[2)]

1996년에는 한일월드컵이 유치되고 그 이듬해 전주가 개최도시로 선정되면서 한옥마을의 보존 필요성에 대한 목소리가 커지게 되었다. 세계인들의 방문을 대비해 한국의 전통문화를 보존하고 이를 알릴 목적으로 1999년 전통문화특구 기본 및 사업계획

2) 전주한옥마을 소개영상, https://www.youtube.com/watch?v=dW_XBF1rs6M

이 시행됨으로써 전통문화도시로서 전주의 위상을 세계에 선보일 계기를 마련하게 되었다. 보기 좋은 한옥들과 다양한 체험시설이 늘어나고 은행로에 실개천이 놓이는 등 크고 작은 변화를 거치면서 전주 한옥마을은 오늘에 이르렀다.

한편, 2010년에는 전주가 국제슬로시티연맹으로부터 세계 최초 도시형 국제슬로시티로 선정되었고, 2012년에는 유네스코 음식 창의 도시로 선정되었으며, 2016년에는 세계적인 권위를 자랑하는 여행 콘텐츠 브랜드 론리플래닛(Lonely Planet)에 '1년 안에 가봐야 할 아시아 10대 명소' 3위로 소개되었다. 이런 추세 속에서 전주한옥마을은 2014년 이후 해마다 국내 관광지 중 최상위 명소로 자리 잡게 되었다. 전주한옥마을은 국제적인 문화관광지로서 한 해 천만 명 이상의 관광객이 다녀가는 명실상부한 대한민국을 대표하는 문화관광명소로 국내외적으로 각인되었다. 그런 위상에 걸맞게 한복차림으로 오가는 관광객을 발견하게 되는 것은 이제 흔한 일이 되었으며, 전통 공연, 한식, 체험 등을 결합한 다양한 프로그램이 개발·운영됨으로써 한옥마을의 명성은 진일보하고 있다. 그러나 항상 그렇듯이 이런 발전 뒤에는 그늘이 생겨나기 마련이다. 즉, 한옥마을 고유의 정체성을 상실하고 전통미를 훼손하는 상업 시설의 급격한 증가로 인해 안타깝게도 전주 한옥마을만이 갖고 있는 정취가 점차 약화하는 것처럼 보인다.

2) 경상북도 안동 하회마을

전형적인 배산임수 지형의 명당터에 자리 잡고 있는 것으로 알려진 안동 하회마을(중요민속자료 제122호)은 풍산 류씨 가문이 600여 년간 대대로 살아온 한국의 대표적인 씨족마을이다. 하회마을은 경주 양동마을과 함께 2010년 7월 유네스코 세계유산으로 등재되었다.[3)]

마을에 들어서면 기와집과 초가(草家)가 역사의 흐름을 안고 고고한 자태를 뽐내고 서 있다. 하회(河回)라는 마을의 지명은 낙동강이 'S'자 모양으로 마을을 감싸 안고 흐르는 데서 유래하였다. 집들은 느티나무를 중심으로 강을 향해 배치되어 있기 때문에 좌향(坐向)이 일정하지 않다. 다른 마을의 집들이 정남향 또는 동남향을 하고 있는 것과는 상당히 대조적인 모습이다. 또한 큰 기와집을 중심으로 주변의 초가들이 원형을 이루며 배치되어 있는 것도 특징이라 하겠다.

서민들이 놀았던 '하회별신굿탈놀이'(중요무형문화재 제69호)는 마을의 안녕과 풍농을 기원하기 위한 마을굿인데 선비들의 풍류

하회별신굿탈놀이(출처: www.hahoe.or.kr)

3) 안동 하회마을 홈페이지, www.hahoe.or.kr

놀이였던 '선유줄불놀이'와 함께 현재까지도 전승되고 있다. 또한 우리나라의 전통생활문화와 고건축양식을 잘 보여주는 문화유산들이 잘 보존되어 있다. 마을에서 운영하는 체험프로그램은 크게 의

의례교육(출처: www.hahoe.or.kr)

례, 민속, 교육, 문화 등의 분야로 나누어지며 마을에는 고택, 서월, 정사(精舍), 사당과 묘, 영모각(박물관) 등 고풍스러운 건물들의 박물관이라 해도 될 만큼 조선시대 초기에서 후기에 이르기까지 다양한 양식의 건축물들이 옛 모습을 잘 간직하고 있다.

마을의 북서쪽 강변에는 만송정숲(천연기념물 제437호)이라는 소나무숲이 있어 마을사람들뿐만 아니라 관광객들의 휴식공간으로 활용되고 있다. 하지만 전통적인 경관과 어울리지 않는 현대적 건물들과 값싼 수입품으로 채워진 잡화상 문제라든지 고건축물 관리에 드는 비용 문제, 주민들 간 이해가 상충되어 갈등이 점증하는 문제, 흰개미들이 목조건물을 훼손하고 있는 문제 등은 해소해야 할 과제로 남아 있다.

3) 일본 메이지무라(明治村)

일본 산업혁명기인 메이지 시대(1868~1912)의 건축물을 복원하여 근대화 초기 생활상을 재현해 놓은 테마파크이자 야외박물관이 1965년 3월 개관한 이래 꾸준히 건축물의 이축과 복원이 진행

메이지무라 마을지도(출처: www.meijimura.com)

되어 현재는 5개의 마을, 10동의 중요문화재, 1동의 아이치현(愛知縣) 지정 유형문화재를 포함한 67여 동의 건축물 및 구조물을 갖춘 일본의 대표적인 역사문화관광지이다. 이전 또는 복원된 근대건축물뿐만 아니라 결혼식장으로 활용되는 교회가 유명세를 탐에 따라 메이지무라는 더욱 인기 있는 명소로 각인되고 있다. 이외에도 상점, 우체국, 철도시설 등이 실생활처럼 활용되고 있다. 메이지시대의 건축물 관련 자료를 전시·판매하고 있어 역사체험의 장으로 인기가 높다.

관람객들은 재현된 메이지 시대 당시의 기관차, 전차, 버스, 마차 등을 타고 이동하면서 다양한 체험을 즐길 수 있다. 메이지무라이 구조물들은 본래 한 지역에 모여 있던 것이 아니라 각지에

메이지무라 마을풍경(출처: www.meijimura.com)

산재해 있는 메이지 시대 건축물들을 이전하여 복원한 것으로, 전통문화자원의 효율적 보존과 활용을 위한 해체와 재조직에 성공한 사례이다. 메이지무라는 해외 관광객 유치를 위해 한국어, 영어, 중국어 등 여러 언어로 홈페이지를 운영하는 등 아이치현 내 다양한 문화자원과의 연계로 지역경제 활성화에 기여하고 있다.

4) 체코 체스키크룸로프(Český Krumlov)

체스키크룸로프는 체코 남부 보헤미아 지역에 있는 작은 도시로, 빨간 지붕이 보이는 나지막한 언덕과 마을을 휘돌아 흐르는 잔잔한 블타바(Vltava) 강이 그림같이 아름다운 것으로 유명하다. 깨끗하게 정비되어 있는 골목골목에는 14세기부터 17세기에 이르는 고딕, 르네상스, 바로크 양식이 어우러진 다양한 고풍스런 건축물들이 늘어서 있다. 체스키크룸로프 역사지구는 13세기 무렵부터 형성되었던 중세도시로서 체스키크룸로프 성(Castle Český Krumlov) 주변지역이 1992년 세계문화유산으로 등재되는 것을 계기로 세계적인 명성을 쌓아가고 있다. 이 농촌마을에는 매년 다양한 축제가 개최되고 있으며 그 가운데에서 6월 하지 무렵 열리는 여름 축제 '다섯 꽃잎의 장미 축제(Five-Petalled Rose Festival)'가 대표적이다. 중세시대로 회귀한 것처럼 의상과 먹거리, 공연 등 마을 전체가 마치 중세시대를 그대로 옮겨 놓은 듯하다. 이 외에도 관광객들은 국제 음악 축제가 열리는 7월부터 한 달 동안 마을 전역에서 다양한 장르의 음악을 즐길 수 있다.

다섯 꽃잎의 장미 축제
(출처: www.ckrumlov.info)

체스키크룸로프 성 전경
(출처: www.castle.ckrumlov.cz)

체스키크룸로프 역사지구의 가장 핵심이 되는 '체스키크룸로프 성'은 연 600만 명의 관광객이 방문하고 있으며 성 내부에는 1680-82에 지어진 것으로 알려진 바로크 양식의 화려한 극장이 보존되어 있다. 이 극장은 예전 사용한 무대장치, 지지대 등을 지금까지 활용하고 있다. 성 내부의 답사는 관광 가이드의 해설이 동반된 투어로만 가능하다.

외부 건축물을 증·개축할 때 문화재위원회의 엄격한 심사에 의해 원형이 훼손되지 않도록 보수하기 때문에 이 지역의 건축물 보존상태는 양호하다. 세계문화유산으로 등재된 후 마을 주민 상당수가 역사적·문화적 경관의 일부가 되어 관광업에 종사하고 있다. 체코에서는 프라하에 이어 두 번째로 많은 관광객이 찾고 있다. 역사문화관광이 도시에 활력을 불어넣음으로써 경제적, 사회적으로 큰 파급효과를 보여주는 대표적인 사례라 하겠다.[4]

4) 김상태 외, 「역사.전통문화 체험관광 활성화 방안」, 한국문화관광연구원, 2014, p.160.

2. 유휴 산업유산

1) 전라북도 완주 삼례문화예술촌

인구 감소로 지역경제가 활력을 잃어가는 가운데 문화예술 상품을 개발하고 경제를 활성화하기 위한 대안으로 기획된 사례 중 하나가 삼례문화예술촌이다. 100여 년의 역사를 가진 양곡창고를 세련된 복합문화공간으로 탈바꿈시킨 사례로 2010년에 사업을 시작하여 오늘에 이르고 있다. 예술촌의 전신인 양곡창고는 일제강점기 때 설립되어 양곡을 이출하는 기지 역할을 하는 등 식민지시대 수탈의 아픈 역사를 고스란히 가지고 있다. 창고는 1920년대 신축되어 2010년까지 사용되다가 지역재생을 위해 완주군에서 매입하여 문화공간으로 조성되었고 2013년 삼례문화예술촌으로 개장·운영되고 있다.

완주군은 계획수립 단계에서 지역주민, 전문가, 예술가 및 공무

삼례문화예술촌 입구(출처: www.samnyeca.kr)

커뮤니티 활동 모습(출처: www.samnyeca.kr)

원 등 각계의 다양한 의견을 수렴하여 최적의 문화공간을 구현하였다. 또한 장소가 갖는 역사적 의미와 주민들의 문화·복지를 위한 공간으로 조성하기 위해 입주 작가 및 활동 분야를 미리 선정하고 이들 각각의 기능과 프로그램에 대응해 공간을 개발하였다. 이에 따라 지역주민, 전문가, 예술인 등으로 TF팀을 구성한 후 콘텐츠 개발에 나섰다. 삼례문화예술촌에는 어울마당을 중심으로 모모미술관, 디지털체험관, 소극장 씨어터애니, 체험공간 뭉치, 문화카페 뜨레, 김상림목공소, 책공방이 자리하고 있으며 지역민과의 소통과 상생하는 공간으로, 관광객은 보고 즐기고 휴식을 취할 수 있는 문화공간으로 자리하고 있다.[5] 예술촌은 개관이래 2018년 현재 4만여 명의 관광객이 방문했다. 그러나 건축설계 분야의 전문가가 기획단계에 참여했더라면 공간적 측면에서 효율성을 극대화할 수 있었을 것이라는 지적도 있다.

5) 삼례문화예술촌 홈페이지, http://www.samnyecav.kr/index.9is, 검색일자: 2018년 12월 15일.

2) 경기도 포천 아트밸리

산업화로 국내 건설 산업이 호황을 맞으면서 포천 화강암인 '포천석'이 각지의 공사 현장에서 인기를 끌었다. 이 시기 포천 관내에서 생산된 석재는 도로포장, 건축외장재 및 인테리어 재료로 널리 통용되었다. 특히 포천석은 재질이 단단하고 무늬가 아름다워 국내 대표적인 건축물에 건축자재로 많이 쓰였다고 한다. 청와대, 국회의사당, 대법원, 경찰청, 인천공항, 세종문화회관 등 많은 국가기관 건물의 건축자재가 되었고 청계천 복원, 광화문 복원사업에도 포천 화강암이 사용되었다. 하지만 채석이 끝난 석산들은 잘려나가 폐허가 되었고 포천 사람들의 기억 속에 환경 파괴와 경관 파괴의 상징으로 도시 이미지를 저해하는 흉물이라는 인식이 자리 잡게 되었다. 이에 포천시는 2003년부터 버려져 방치되었던 신북면의 폐 채석장을 문화와 예술로 치유하고 환경을 복원하여 복합 문화예술 공간으로 재탄생시켰다. 환경과 문화예술, 사람이 하나 되는 포천 아트밸리는 지역재생 사업의 성공 사례가 되었다. 또한 지속적으로 콘텐츠를 개발하여 2014년 천문과학관을 설립하고 방문객 참여 프로그램을 운영하는 등 가족 단위 방문객으로부터 큰 호응을 얻고 있다.[6]

아트밸리는 지역의 버려진 자원은 재생하여 지역발전에 기여할 수 있으며 현대 관광의 변화 패러다임에 알맞은 문화예술콘텐츠 활용이 관광지 개발에 전기를 마련케 할 수 있다는 점을 입증하

6) 아트밸리 소개영상, https://www.youtube.com/watch?v=xBV2O8oYk_I

아트밸리 인공호수
(출처: www.artvalley.pocheon.go.kr)

아트밸리 입구 조각공원
(출처: www.artvalley.pocheon.go.kr)

였다. 또한 단순히 보여주는 문화예술 콘텐츠가 아니라 직접 체험하고, 창작하고, 교육하고 소비하며 즐기는 '복합문화예술관광 클러스터'의 역할을 증명하였고 지역자원인 '포천석'과 문화예술을 결합할 수 있는 계기를 마련함으로써 포천시의 이미지 개선 및 지속적 발전에 이바지하고 있다.[7]

아트밸리는 지역주민의 삶의 질 개선에도 많은 기여를 하였다. 농업에만 의지하며 살아오던 지역주민들이 문화예술 인프라가 확충되면서 문화생활의 수준이 상당히 향상되었고 관광산업으로 수익을 거두고 있다. 결론적으로 아트밸리는 근대 산업화 과정 속에서 폐허화된 지역이 치유될 수 있고 지역발전에 공헌할 수 있음을 보여준 대표적 사례라 하겠다.[8]

7) 이정훈, 「포천시 특화발전사업계획 수립연구-포천석아트밸리 개발 기본구상 및 추진전략 요약본」, 경기연구원, 2004.
8) 김자성, 「폐 석산의 이유있는 변신-포천 아트밸리」, 한국농어촌공사, 2015, pp.32-33.

3) 영국 테이트모던 미술관(Tate Modern)

유휴 산업시설을 문화공간으로 컨버전하여 건축물을 재생시키는 동시에 도시재생을 이룬 대표적인 사례로 영국 런던의 테이트모던 미술관을 들 수 있다. 자일스 길버트 스코트(Giles Gilbert Scott)가 설계한 뱅크사이드 화력발전소 건물은 1952년 가동을 시작하여 런던시 소비 전력 상당량을 생산한 영국의 주요 산업시설이었지만 유가 상승으로 생산성이 떨어져 1981년 문을 닫게 되었다. 그 후로 가동이 중단된 이 건물은 그대로 방치된 상태로 버려져 있었다. 한편 테이트 미술관은 1980년 말 소장 작품의 양이 많아지자 전시공간의 확보를 위해 새로운 미술관 부지를 찾고 있었고 이 과정에서 재단 측은 뱅크사이드 화력발전소 건물의 잠재력을 주목하게 되었다. 발전소는 아르데코 양식의 건물로 상징적인 의미가 크고 세계적으로 유명한 세인트 폴 대성당의 건너편이라는 최상의 입지조건을 구비하고 있었으며 건물의 규모 또한 성당에 뒤지지 않는다는 점 등이 복합적으로 작용하여 국가적 상징성이 충분한 것으로 재단은 판단하였다.[9] 마침내 재단은 런던시로부터의 5천만 파운드(약 708억)를 포함해 총 1억 3천 4백만 파운드(약 1,900억)의 재정을 투입해 발전소를 문화공간으로 탈바꿈시키는 초대형 밀레니엄 프로젝트를 시행하였다. 공개입찰을 통해 스위스의 건축가 자크 헤르조그(Jacques Herzog)와 피에르

9) 조연주, 신경주, 「유휴 산업시설의 컨버전 사례분석-테이트모던, 발틱 현대미술센터, 루르 박물관을 중심으로-」, 『한국실내디자인학회 논문집』, 제20권 3호, 2011, p.64.

테이트모던 런던 전면(출처: www.tate.or.uk)

테이트모던 내부(출처: www.tate.or.uk)

드 뫼론(Pierre de Meuron)가 제안한 건축모델을 선정하여 1995년 공사를 시작해 2000년 미술관으로 개관하였다.[10]

개관 2년 후인 2002년에는 인근에 보행자 전용 밀레니엄 브리지가 재개통되면서 접근성이 훨씬 개선되자 관람객 수는 한해 5백만 명을 넘어서게 되었다. 이 밀레니엄 프로젝트의 결과로 서더크 지역은 다양한 상업시설과 가게, 식당, 차 없는 거리, 갤러리, 퍼포먼스와 예술 활동을 가능케 하는 광장 등으로 둘러싸인 살아있는 거리로 발전하게 되었고, 테이트모던의 성공은 인근 지역의 경제 판도까지 바꾸어 놓았다. 직접적 경제효과만 연간 5-9천만 파운드(약 708억-1,275억)에 달하고 2천 4백여 개의 새로운 일자리가 창출되었다.[11]

---

10) 테이트모던미술관 소개영상, https://www.youtube.com/watch?v=uj27ssTVyLI

11) 이경모, 「도시재생의 연금술, 테이트모던」, 『미술세계』, 315호, 2011, pp.86-88.

4) 프랑스 프롬나드 플랑테(Promenade Plantée)

영어로 나무길 (Treeway)을 의미하는 프롬나드 플랑테는 파리 12구역에 있는 버려진 고가철도를 따라 형성된 세계 최초의 공중정원이다. 이 시설은 산업시설 활용의 신기원을 열었다고 해도 과언이 아니라는 평가를 받고 있다. 1969년 파리 시내 바스티유(Bastille)역으로 연결된 고가철도의 운행이 중단된 후, 바스티유역은 오페라하우스로 개발되고 철로는 1993년에 공중공원으로 계획되어 1단계 공사가 1994년에 마무리되었다. 이후 이 공중정원은 시카고의 블루밍데일 트레일(Bloomingdale Trail), 뉴욕의 하이라인(High Line)과 서울로 7017의 모델이 되었다. 지상에서 약 10m 높이에 위치한 이 프롬나드 플랑테는 전체 길이가 약 4.5km로 공중정원 및 산책로는 약 1.5km에 이르며 바스티유 오페라하우스에서 부아 드 뱅센까지 연결되어 있다. 바로 아래에는 도메닐로 애비뉴를 따라 아트숍들이 늘어서 있다.[12]

철도는 1859년부터 바스티유와 파리시 남동쪽 교외를 운행했으나 1969년 운영을 멈춰 철로는 폐쇄되었다. 1979년 도시계획 전문가들은 이 시설의 활용에 대한 논의를 시작하였고, 1983년 개발 구상을 마무리하였다. 파리시와 파리동부개발공사는 공중정원을 건설하기로 합의하여 1988년 드디어 첫 삽을 뜨게 되어 조경건축가인 자크 베르젤리(Jacques Vergely)와 건축가 필립 마티유(Philippe Mathieux)의 설계로 1994년 완공되었다. 철로 하

12) 프롬나드 플랑테 소개영상 참조. https://www.youtube.com/watch?v=mVtfFC0ffO8.

프롬나드 플랑테
(출처: www.promenade-plantee.org)

아치길
(출처: www.promenade-plantee.org)

부에 있는 '예술의 고가다리(Viaduc de arts)'의 리모델링 역시 공원의 건설과 동시에 시행되었지만 2000년대에 들어와서야 완공되었다. 벽돌과 돌로 만들어진 아치길(archway)은 장인들의 작업장과 수많은 갤러리, 핸드메이드 소품가게, 악기점, 아트스튜디오, 가구 전시장, 카페와 식당이 즐비한 상가거리로 변모하였다.

정원 산책로에는 장미꽃, 라벤더, 대나무, 담쟁이, 등나무, 단풍나무, 체리나무, 라임나무 등 다양한 수종의 꽃과 나무가 빽빽하게 들어서 숲을 이루고 있다. 2004년 개봉작 '비포 선셋(Before Sunset)'의 촬영지로 유명해지면서 프랑스뿐만 아니라 전 세계에서 많은 관광객들이 찾고 있다. 공중정원에서 내려다보는 파리시의 풍광에서 색다른 면모를 느낄 수 있다. 보행전용 선형공원, 어린이 놀이터, 광장 등과 함께 인근 주민들의 조깅코스 겸 산책로로도 각광받고 있으며 하루 평균 약 2,500명, 주말에는 약 6.500명이 방문하고 있다.[13)]

13) 국토연구원 세계도시정보, https://ubin.krihs.re.kr/ubin/mobile/wurban/world_city_instance_view.php?no=1035, 검색일자: 2018년 12월 20일.

3. 도시재생

1) 서울시 종로구 창신동 봉제거리

서울 종로구 창신동은 소규모 봉제공장이 밀집한 동네다. 소수의 몇 사람이 일하는 가내 수공업과 다름없는 작은 봉제공장 1천여 개가 몰려 있고, 인근의 동대문시장으로 생산한 옷을 납품한다. 서울에서도 비탈길이 많기로 소문난 곳에 자리한 봉제거리는 공장과 동대문을 오가며 원단 등 자재와 제품을 실어 나르는 오토바이가 끊이지 않는다. 과거 밤낮없이 재봉틀소리로 힘차게 달리던 이곳도 국내 봉제산업 대부분이 생산기지를 해외로 옮기면서 일감 부족 현상이 일어나고 있다. 과거에 비해 재봉틀 소리가 점차 줄어들고 있지만 여전히 창신동은 3천 명이 넘는 봉제 관련 종사자가 밀집해있다.

서울시는 2014년 봉제산업의 대표 집적지인 창신동에 '이음피

창신동 봉제거리 전봇대(출처: 경향신문)

움 봉제역사관'과 '봉제거리'를 조성하여 한때 우리나라의 경제성장을 이끌었던 그 장소성을 되살리고, 2020년까지 봉제인력을 양성하고 투입하겠다는 '봉제산업 종합발전계획(안)'을 발표했다. 서울시 봉제역사관은 관이 주도하는 방식이 아니라 창신마을넷, 협동조합 등 다양한 커뮤니티를 비롯한 지역주민과 봉제업 관계자, 외부전문가 등으로 구성된 협의체가 역할(기능)과 운영 프로그램을 맡고 있다. 봉제역사관은 봉제업 역사를 공유하기보다는 봉제업의 가치와 과정을 이해와 체험을 통해 공유하는 공간이다. 지하 1층은 인포메이션과 봉제작업을 체험할 수 있는 봉제작업실이 마련되어 있으며, 1·2층은 봉제 관련 자료와 역사를 살펴볼 수 있는 공간이, 3층은 봉제장인을 소개하는 기념관이 조성되어 있다. 창신동을 중심으로 한 봉제거리 도시재생사업은 도시재생 활성화계획 수립과정에서부터 워크숍 등을 통해 주민의 의견을 수렴하였다.

창신동 봉제거리 주민들은 직접 봉제마을 체험프로그램을 운영하고 있으며 창신동의 역사문화자원들을 활용한 골목투어 코스와 스토리지도를 제작하는 등 창신동 지역과 봉제산업의 이미

봉제박물관 벽화(출처: 경향신문)

지를 개선하려는 노력을 지속하고 있다. 마을 주민들이 운영하는 창신동 라디오방송 '덤'은 봉제사가 진행하는 방송, 주민들의 이야기를 담은 방송, 문해 할머니들이 한글을 배우며 진행하는 어머니학교 방송 등을 통해 마을의 결속력을 다지고 있다.[14] 또한 창신동에서는 화가 박수근이 12년간 거주했던 주택의 일부 형태를 볼 수 있으며 미디어아트의 창시자 백남준이 6세부터 19세까지 살았던 집터에 기념관이 건립되어 있다. 도시재생으로 시대를 풍미했던 두 예술가에 대한 기억을 공유하고 새로운 의미를 창출하는 공간으로 탄생한 것이다.

14) 창신동 소개영상 참조. https://www.youtube.com/watch?v=HB1Uwf09vD4.

2) 부산광역시 감천문화마을

감천마을은 20세기 초 강증산 선생을 신앙의 대상으로 하는 태극도의 총 본산지였다. 이곳은 교통왕래가 잦았던 반달고개를 중심으로, 한국전 이후부터 현재에 이르기까지 근현대사의 흔적과 기록을 고스란히 간직하고 있다. 특히, 한국의 산토리니라는 별명이 말해주듯이 옥녀봉에서 천마산에 이르는 산자락을 따라 늘어선 계단식 집단 주거형태는 감천동만의 독특한 장소성을 보여준다. 또한 앞, 뒷집을 연결하여 열린 공간으로서 서로를 배려하며 소통하고 사는 한국적 정서가 남아 있는 마을로서, 과거를 반추하고 느린 삶의 고즈넉한 풍취를 공유하려는 현대인에게는 안식의 장소로서 인기가 높다.

• 감천마을의 장소성 및 지역문화

장소성이란 어떤 특정한 장소를 독특하고 특별하게 만드는 특징이 있다. 이러한 특징 가운데에는 풍광, 지역에서 통용되는 지식이나 정보, 설화와 같은 유·무형의 자원이 모두 포함된다. 따라서 장소성은 특정 지역과 연관되어 있는 정체성이라고 정의할 수

감천문화마을 전경(출처: www.gamcheon.or.kr)

있다. 감천마을은 전후 고단한 삶의 기억을 고스란히 품고 있는 동시에 현대적 감성과 품격 있는 문화, 재기발랄한 창의성이 돋보이는 복합적인 장소성을 지닌다. 이로 인해 고달픈 서민들의 집단 거주지였던 달동네는 몇 년 사이 가장 극적으로 변신하였고, 다양한 계층의 관광객을 끌어들이며 교육과 문화에 기반을 둔 장소로 자리잡아가고 있다.

• 공공미술프로젝트로서의 가치

과거 신중한 도시개발계획 없이 마구잡이식 개발에 나섰던 우리나라는 1970년대부터 대도시를 중심으로 대규모 아파트 단지가 본격적으로 건설되었고, 그 결과 소통과 개방성이 중시되었던 전통적 공동체가 해체되기 시작하였다. 이후 도시의 구조는 아파트와 같은 공동주택이 밀집한 지역과 개별주택 지역으로 나뉘게 되었다. 공간 특성상 인구밀도가 높은 공동주택 지역은 행정기관이 집중하고 근린상업지구가 발달하게 되어 신도심지로 부상하기 마련이다. 반면 개별주택 지역은 시간이 갈수록 쇠락하여 지역 간 소득 및 발전의 양극화는 물론 인구 감소로 인한 공동화 현상을 겪게 된다. 이러한 지역 간 차이를 극복하기 위해 2000년대 초반부터 재건축, 재개발이라는 도심재생방안이 봇물처럼 쏟아져 나오게 되었던 것이다. 하지만 개발 위주의 도심재생은 '지역정체성'을 보존하고 기억의 장소로 활용하기보다는 초고층 주상복합건물과 같은 거대 공동주택 지역을 확대하고, 환경 훼손은 물론 문화와 역사가 결여한 정체불명의 도시를 양산하는 부정적 결과를 초래하게 되었다.

이에 대한 대안으로서 공공미술 프로젝트는 파괴적인 개발 정책을 지양하고, 기존 주거공간을 최대한 유지하면서 거주민들의 삶의 질을 높이는 창조적 개념의 도시재생전략이라 할 수 있다. 공공미술프로젝트에서 가장 우선하는 것은 주위 환경과의 조화이다. 재조직 또는 재구성할 문화요소는 지역의 독특한 이야깃거리를 소재로 한 스토리텔링, 풍광, 기존의 건축물 등 다양한 유·무형의 지역문화자원이 두루 포함된다. 부산광역시 사하구에 위치하고 있는 감천마을은 이러한 유·무형의 문화자원뿐만 아니라 그 지역만의 역사와 이야기가 있으며 문화적 감수성이 풍부한 인적자원이라는 다양한 요소가 결합하여 탄생하였다.

이곳은 '공공예술 프로젝트'를 통해 어떠한 방식으로 낙후 지역이 재생하고 매력적인 관광지로 탈바꿈할 수 있는 지를 보여주고 있다. 감천마을은 부산의 산복도로 르네상스 사업의 일환으로 도시재생사업 중 우수 사례로 손꼽힌다. 2013년에는 대한민국 지역희망박람회에서 대통령 표창인 지역발전대상을 수상하기도 하였다. 이 마을은 구도심과 신도심의 양극화문제로 시름하는 대부분의 도시에 모범사례를 제시하고 있다.

• 다양한 지역문화콘텐츠

감천마을의 지형적 특징은 바로 '미로와 같은 꼬불꼬불한 길'과 '부산시가지가 한 눈에 들어오는 고도'에 있다고 해도 과언이 아니다. 흔히 도심재생에서 도로의 정비는 필수적인 것으로 인식

감천마을 골목벽화(출처: ezday.co.kr)

되지만 이곳의 꼬불꼬불한 도로는 역설적으로 관광객으로 하여금 즐거운 어린 시절의 추억을 떠올리게 한다. 이 길은 또한 단지 '미로'에서 그치지 않고, 허름한 골목길을 돌았을 때 기대하지 않은 아름다운 풍광을 마주하는 순간 더 큰 감동과 놀라움을 선사하는 것처럼 골목골목에 배치되어 있는 아기자기한 장치들은 관광객의 기대심리를 자극한다. 이처럼 거미줄처럼 얽힌 마을 골목은 언뜻 보면 무질서해 보이기도 하지만 길목마다, 골목마다 저마다의 특색을 갖춘 가게들로 넘쳐난다.[15]

마을 입구에는 관광객을 위한 안내센터가 있어 유인물과 팸플릿을 쉽게 구할 수 있다. 물고기 모양의 이정표에서 이 마을이 바닷가에서 그리 멀지 않다는 것을 알려준다. 이어지는 계단 길을

15) 감천문화마을 소개영상 참조. https://www.youtube.com/watch?v=A1tSEkKKZmk.

지나면 아담한 갤러리와 형형색색의 벽화를 만날 수 있다. 과거의 골목을 마치 그대로 옮겨 온 것처럼 작품으로 태어난 빈집, 주민들이 쓰던 물건으로 꾸민 작은 박물관, 마을 커뮤니티센터로 재탄생한 대중목욕탕 등 곳곳에는 관광객의 기억 속에 남아있는 즐거운 추억을 되살리는 콘텐츠로 가득 차있다. 마을의 역사에서 빼놓을 수 없는 것이 '태극도'이다. 이곳은 태극도 신도들의 집거지로서 당시 어려운 삶 속에서도 서로를 배려하고 종교적 신의를 지켰던 신도들의 마음이 독특한 건물 배치에 그대로 담겨 있다. 집은 뒷집의 전면을 가리지 않게 지었고 옆집이 '내 집' 울타리가 되어 준다. 이 때문에 도시처럼 일조권, 조망권 등으로 다툴 일이 없다. 빼곡하게 늘어서있는 집들은 모두 바다 조망이 가능하고 낮 동안에는 따스한 햇살을 만끽한다. 햇볕은 만물의 생장의 근원이 되듯이 감천마을에 에너지와 활력을 불어넣는 가장 큰 자원이다.

• 감천문화마을의 문제점

관광지로 화려하게 부활한 산동네 감천마을의 성공 사례는 옛 정취를 지켜가면서 지역을 되살린 좋은 본보기가 되고 있는 것이 사실이다. 2018년 한 해 동안 무려 205만 명이 넘는 관광객이 이곳을 찾은 것으로 나타나 지역활성화 측면에서도 성공적인 것으로 분석된다. 하지만 최근에는 관광효과에만 초점을 맞추는 행정기관과 넘쳐나는 관광객으로 인한 부작용 등으로 위기의 목소리가 흘러나오고 있다.

이 마을은 상업지구라기보다는 전통적으로 개별주택 밀집지역으로 마을주민들의 삶의 터전이다. 그러나 관광객이 시도 때도 없이 방문하여 사생활을 침해하거나 소음을 내는 행위가 다반사로 일어난다. 평일에도 하루 평균 800명 이상이 찾는 관광지다 보니 주차난도 심각하다. 또한 마을 입구가 통제되지 않아 밤에도 충분한 숙면이 불가능할 정도로 관광객의 왕래가 잦다. 이러한 가운데 부산광역시는 산복도로 르네상스 사업을 주민들의 주거환경 개선보다는 수익 창출을 통한 경제적 부흥을 위한 기제로 판단하여 확장할 계획을 세우고 있어 마을주민들의 삶의 질은 점점 떨어질 것으로 예상된다. 시당국은 동구 안창마을, 영도구 흰여울마을, 사하구 비석마을 등을 테마가 있는 문화마을로 육성하기로 하고, 각 마을에 공중화장실을 보수하고 보안등을 설치하였다. 그리고 공동 텃밭 조성 등의 사업을 실시하거나 실시할 계획이다. 이처럼 낙후마을들을 제2의 감천문화마을로 탈바꿈시키기 위한 부산시의 노력에도 불구하고 주택가의 관광지화로 인해 많은 문제를 발생하고 있는 감천마을의 경우처럼 또다시 같은 문제가 반복될 것이라는 우려가 커지고 있다.[16)]

16) 이영준, 김진영, 「도심 재생 사례 연구: 부산 감천문화마을을 중심으로」, 『한국콘텐츠학회 종합학술대회 논문집』, 2014년 11월, pp.355-356.

3) 대구 김광석다시그리기길

통기타 하나로 주옥같은 명곡을 연주하던 가수 김광석(1964-1996). 반짝이는 별과 같은 비운의 천재는 팬들 곁을 떠나갔지만 그의 생애와 노래는 길 위에서 새롭게 탄생하고 있다. 그가 태어난 대구에는 요즘 그 지역의 관광지보다도 많은 사람 들이 찾는 곳이 있다. 바로 그 가수의 이름을 딴 방천시장 인근 '김광석다시그리기길'이다. 예전 이 곳은 주변에 마땅한 주차 공간도 없으며 눈에 띄지도 않는 오래된 골목에 불과했다. 2010년 공식 개장식 이전까지 시장상인들 중 김광석이 누구인지도 모르는 사람이 다수였으나 관할인 대구광역시 중구와 문화예술인단체, 건축가협회, 비평가 협회 등이 힘을 합쳐 예술프로젝트를 진행하였다. '방천시장 문전성시[17] '프로젝트 2단계'(2010.3~2011.3)로부터 시작된 350m 정도의 짧은 거리는 김광석거리로 재탄생하게 되면서 대구 시민뿐만 아니라 전국에서 사람들이 찾아오는 명소가 되었다. 연간 100만여 명의 사람들이 다녀가는 대구의 대표적인 관광지가 된 것이다. 초기 몇 점에 불과하던 김광석 조형물과 벽화는 공모를 통해 선정된 지역 작가 30여 명의 참여로 작품 수가 늘어 거리 전체는 수십 점의 벽화작품들과 조형물로 꾸며졌다. 길의 이름은 그가 발표한 음반 '다시부르기'에서 착안하였는데, '그리기'는 김광석을 그리워한다(miss)'라는 중의적인 표현이기도

17) 2008년부터 문화체육관광부가 추진하고 있는 전통시장활성화 프로젝트로, 쇠락하고 있는 전통시장에 문화콘텐츠를 적용하여 문화공간이자 관광지로 조성하고 지역경제에 활력을 불어넣는 것을 목표로 한다.

하다. 아이돌처럼 열광적인 팬들은 아니었지만 가슴을 적시는 아름다운 음악과 노랫말로 가장 한국적인 정서의 명곡을 남긴 김광석은 1996년 불의의 사고로 타계하였으나 그를 그리워하는 많은 사람들은 이 길을 방문하며 추억을 되새긴다. 김광석길을 다녀간 시민들이 SNS에 소회를 올리면서 자연스럽게 이 길은 홍보되었고 많은 세대를 아우르는 그의 문화적 힘은 지역의 젊은 작가들에게도 영감을 주고 있다.[18)]

김광석길 풍경
(출처: www.jung.daegu.kr)

방천시장 기타조형물
(출처: www.jung.daegu.kr)

관할구청 대구 중구청은 김광석길의 활성화를 위해 잔여 구간 110m에 대한 벽화작업을 마무리하고 쌈지공원조성, 김광석조형물(입상)을 설치하였으며, 2013년에는 김광석길관광활성화 사업을 통해 벽화리뉴얼 사업, 골목방송국 설치, 야외공연장 조성, 화장실 신축 등으로 방문객 편의시설을 보완하고, 4회에 걸친 김광석노래부르기 대회, 추모행사, 50주년 기념 거리콘서트

18) 김광석길 소개영상, https://www.youtube.com/watch?v=6Ulav N4X9ZE

등의 추진과, 히든싱어프로그램 등 언론의 김광석 조명에 힘입어 전국적인 관광명소가 되었으며, 현재 주말평균 5천명 이상의 방문객이 찾아오고 있다. 뿐만 아니라 2013년에는 행정안전부 주관 '향토자원 베스트30'에, 2014년에는 한국관광공사주관 '베스트 그 곳'에 선정되었다. 특히 2014년 벽화리뉴얼사업을 위해 김광석길운영위원회가 구성되고, 주민주도의 '방천아트페스티벌'을 개최하는가 하면, 방천시장, 김광석길을 기반으로 마을기업, 사회적기업, 협동조합이 만들어지는 등 활발한 문화 흐름이 만들어지고 있다.[19] 특히 2017년부터 김광석길 대봉문화마을축제를 통해 즉석노래경연, 거리예술공연, 김광석거리사진전, 플리마켓 등 다채로운 행사를 개최해오고 있다.

4) 영국 맨체스터

잉글랜드 북서쪽에 위치한 맨체스터는 로마시대부터 형성되어 온 유서 깊은 도시로 1840년대부터 도시를 둘러싸는 다수의 운하와 철로가 건설되었다. 18세기 이전까지는 상업 및 무역의 중심지였으며 산업혁명을 주도한 도시로 떠오른 유럽산업의 첫 번째 붐타운이었다. 전성기에는 증기기관을 이용한 공장 건립을 통해 다른 지역보다 대량생산의 기술적 우위를 점하였고 이러한 급속한 산업화는 인구의 대량 유입을 촉발하였다. 그러나 1950년대와 60년대 맨체스터의 산업은 방직업, 광업, 중공업 분야에서 항

19) 대구광역시 중구 문화관광 공식 홈페이지, http://www.jung.daegu.kr/new/culture/pages/art/page.html?mc=0333, 검색일자: 2019년 1월 6일.

1940년대의 맨체스터(출처: citymetric.com)

도시재생 후 맨체스터(출처: citymetric.com)

공산업, 전자, 자동차산업 등의 기술집약적인 제조업으로의 변화를 꾀하였으나 성공하지는 못하였다. 1970년대 들어서 이 도시는 심각한 산업공동화현상(de-industrialization)을 겪게 된다. 1971년에서 81년 사이 도시를 지탱하던 방직산업이 사양길을 걷기 시작하여 이 기간 중 무려 5만 개의 일자리가 사라지고 인구의 17.5%가 새로운 일을 찾아 도시를 떠나게 되었다. 그 결과 떠나간 공장과 회사의 그림자는 도심공동화 현상으로 나타났고 범죄율은 증가했으며 생활환경은 급속도로 악화되었다. 1980년대 지역의 고용률은 떨어지고 부유층은 도시를 떠났으며 부동산 가격이 급락하면서 지역경제가 쇠락하였다. 그 결과, 20세기 초 77만 명에 이르렀던 인구는 2000년대 들어 40만 명 이하로 급감하였다.

70년대 후반부터 맨체스터시는 도시에 활력을 불어넣고 인구감소를 막기 위해 도심지역의 재생에 팔을 걷어붙였다. 살기 좋은 도시로 만들기 위한 개선안이 마련되었는데, 그 속에는 주거환경 정비, 주거 밀집 지역의 질적 향상 및 유지, 청결한 도시, 대중교통수단 개선, 도시미화, 보행 및 자전거 친화 도시, 맨체스터 내 산재한 빅토리아, 에드워드, 조지 왕조 시대에 건립된 역사유적지의 보존, 안전한 환경 조성, 휴식공간 조성, 이동성 개선, 도심부를 보행자 위주로 재편하는 등이 포함되었다. 이와 동시에 맨체스터시는 지역경제를 활성화하기 위한 법령의 정비, 일자리 창출, 대지 사용의 효율화, 미래세대를 위한 교육투자 등을 우선하는 맨체스터 개발계획을 제시하였다.[20] 주민참여를 이끌어 내기 위해 시의회는 맨체스터 파트너십을 구축하여 커뮤니티 참여전략을 수립하고 시민, 포커스그룹, 예술 활동, 지역민에 대한 교육, 축제 등 다양한 방식의 참여를 독려하고 있다. 이러한 민관의 노력으로 해외투자가 눈에 띄게 증가하였고 런던 이외의 영국 도시들 중 투자자가 가장 많이 찾는 도시로 변모하였다. 해외투자를 위축시킬 것이라는 우려 속에 브렉시트에 대항하여 맨체스터의 독립을 외치는 시민단체까지 출현하는 등 맨체스터는 문화예술의 자부심만이 아니라 경제적으로도 자신감을 회복하고 있다.

20) Farzaneh, M., "Urban Development Planning, Regeneration and Public Participation: A Comparison between the UK and Iran," Newcastle University, School of Architecture, Dissertation, 2011, pp.208-211.

4. 마을공동체

1) 서울시 마포구 성미산마을

'성미산마을'은 서울 마포구 성산1동에 있는 성미산이란 작은 산자락에 자리한 마을로, 이곳이 알려진 계기는 서울시와 한 대학재단이 성미산 일대를 개발하려는 계획을 추진하면서 지역민들과의 첨예한 갈등을 겪고 나서부터이다. 개발의 광풍이 불기 전 성미산은 지역주민들의 산책과 휴식의 장소였으며 아이들의 놀이터였다. 주민들을 중심으로 성미산 개발 반대 운동이 전개되었고 물리적 충돌까지 빚어졌다. 이 과정에서 정부의 환경 훼손과 자본의 야만성에 대한 비판이 비등해졌고 개발 논리에 맞서기 위한 주민들의 노력이 이어지게 된다. 결국 주민들은 성미산 지키기에 성공해 서울시는 2003년 8월 개발계획을 철회하였다.

주민들은 전국 최초의 공동육아협동조합 어린이집을 시작으로

성미산학교(출처: www.librewiki.net)

두레생협(출처: www.librewiki.net)

성장기 방과 후 교실 등 교육시스템 구축을 위한 공간 및 출자금 확보를 위해 마을기업인 두레생협을 세웠다. 성미산학교(대안학교), 성미산마을극장, 성미산공방 등 주민 스스로의 힘으로 다양한 마을공동체 활동 및 마을기업 운영을 통해 연대감을 고취하고 생태적 감수성을 공유하고 있다.

또한 에너지 자립마을이기도 한 성미산마을에서는 기후변화, 신재생에너지, 탈핵, 피크오일, 에너지 자립마을 등 5개 주제를 기반으로 연령별 교육콘텐츠를 제작해 에너지교육을 하고 있다. 어린이집 7세반 유아를 대상으로 눈높이에 맞는 내용을 제공하고, 방과 후 교실에서는 기후변화와 피크오일, 신재생에너지와 탈핵이란 주제를 가지고 체험 활동을 전개하고 있다. '도시속의 마을만들기'가 정착한 인간 친화적인 생태마을로서 도시형 마을공동체의 모범이 되고 있다.

성미산마을에서 이루어지는 사업 대부분은 주민이 자발적으로 다양한 마을기업을 형성하여 지속적으로 운영하고 있다. 정착기 공동출자금을 통한 다양한 마을기업(성미산학교, 성미산극장 등)의 설립을 통해 이윤 및 마을주민의 고용이 늘어나고 이런 공동기금을 활용한 마을공동체 문화만들기 프로그램을 체계적으로 운영(성미산 축제, 작은음악회, 가을운동회 등)하고 있다. 현재 마을 내 독립적인 커뮤니티 70여 개가 왕성하게 활동하고 있는데, 아이들의 아토피 치료를 위한 천연비누 제조 마을기업 '비누두레'나 반려동물이 늘면서 우리나라 최초의 협동조합 동물병원을 설립하는 등 다양한 분야의 독특한 마을프로그램들이 큰 호응을 얻고 있다. 그러나 조용했던 마을이 주목받으면서 이 지역 상가 임대료가 뛰기 시작했고 젠트리피케이션 과 같은 부정적 현상을 피할 수는 없는 것처럼 보인다. 마을카페는 임대료를 감당하지 못해 문을 닫았다가 2018년 서울시의 협력으로 장소를 옮겨 다시 개업한 바 있다.

2) 일본 도쿄 세타가야구 다이시도 마을

마치즈쿠리는 일반적으로 '마을조성,' '마을만들기' 등으로 번역되는데, 특정 지역사회가 중심이 되어 행정과 전문가, 각종 중간 섹터, 민간 섹터가 연계하여 추진하는 하드와 소프트한 사업이 일체가 된 거주환경의 향상을 지향하는 활동의 총체로 규정한다. 또는 사권(private authority)과 공권(public authority)의 사이에 있는 다양한 공간 테마를 대상으로 지역사회의 주민의견에 기초하여 다양한 주체가 연계·협력하면서 자치적인 커뮤니티의 형성과 주거환경을 개선하고자하는 활동을 통하여 지역력을 향상시키는 운동으로 정리하기도 한다. 도시계획이 하향식으로 토

세타가야구의 복원 실개천
(출처: www.news.seoul.go.kr)

포켓공원
(출처: www.news.seoul.go.kr)

지이용과 대규모 개발 등을 통하여 도시 전체의 성장을 관리하고자 하는 것이라면, 마치즈쿠리는 상향식으로 주민 발의를 통하여 지역의 다양한 물리적·비물리적 과제를 대상으로 주거환경을 개선하고자 한다는 점에서 대조를 이룬다.[21]

세타가야구 다이도시 마을은 도쿄 중심 서쪽에 위치한 인구 84만여 명의 주거지역으로 오래된 목조주택이 밀집해 있으며 주민 다수가 노년층으로 볼거리가 있기보다는 평범한 마을이다. 인구 중 30%가 이곳 출생으로 정주율이 높은 편이다. 어찌 보면 특색이라 할 것이 없는 동네가 일본 마을만들기의 교과서 사례가 되었다. 일본의 마을만들기는 낡은 하드웨어를 하루아침에 갈아엎고 초현대식의 새 도시를 건설하는 방식의 재개발이나 주거정비사업이 아니라 기존의 주거지를 조금씩 가꿔가는 것(수복형 마을개선사업)을 골자로 하는 친환경적인 운동이고 세타가야구는 공동체 중심의 프로그램 운영으로 이러한 목적에 가장 충실한

21) 김진범, 「일본 마노지구의 마치즈쿠리 전개과정과 교훈」, 『국토』, 2008년 3월호, pp.83-84.

마을이다.

세타가야 마을만들기는 주민 주도, 자연환경 보전, 지속가능성을 큰 틀로 하고 있다. 세부적인 목표를 보면, 첫째, 주민 주도성을 확보하고 행정의 편의가 아니라 주민의 생활공간을 변화시키는 것에 초점을 맞춰 추진하고 있다. 이를 통해 행정구역에 따른 권역 설정이 아니라 주민이 생활공간과 주민 참여도를 고려하여 권역을 설정하고, 주민들의 일상생활공간을 변화시키는 사업을 주로 진행한다. 둘째, 하천복원사업을 비롯해 자연환경을 보호하는 활동이 많다. 셋째, 일회성 전시성 사업에 그치지 않고 지속적으로 추진함으로써 사업추진 성과를 높인다. 예를 들어, 마을만들기 최초사업이면서 주민 제안 사업이기도 한 다이시도 지역의 목조주택 정비사업은 1982년 주민협의회를 발족하면서 시작되었는데, 벌써 30년 이상 지속적으로 사업을 진행하고 있다.

• 마을만들기의 시초 세타가야 트러스트

1970년대 고도성장으로 인한 공해 문제와 자연파괴 문제 등이 불거지면서 개발에 대한 주민들의 반대운동이 심화되고, 이로 인해 주민과 행정기관 간에 마찰과 대립이 전국적으로 지속되었다. 결국 지방자치법 일부가 개정되어 자주성을 확보하는 자치구가 기능할 수 있게 되었다.[22] 1975년 민선으로 선출된 구청장이 주민참여를 도입하겠다는 의지를 표명하였고 이때부터 주민과 행

22) 국토연구원, 「도시계획의 신조류 일본 해외연수 보고서」, 2008, p.76.

정 간의 타협의 결과물로 마치즈쿠리에 대한 체계적인 시스템이 갖추어지기 시작하였다.

최초 사업(1975~1981년)은 세타가야 다이시도 지역의 '목조주택 재정비 사업'이 선정되었고 1982년 마을만들기 조례가 제정되면서 세타가야구청 내에 도시디자인실, 마을만들기 추진 부서가 설치되고 마을만들기 주민협의회도 결성되었다. 1992년 마을만들기 지원센터를 설치하여 주민에게 환경설계 및 주민공동체 운동에 대한 학습 기회를 제공하고 마을만들기 지원자금의 조성을 위해 트러스트 조직을 설립하였다. 지원자금은 공개심사 방식으로 투명성을 확보하고 있으며 구내의 다양한 인재 발굴 및 각 지역의 마치즈쿠리 활동의 활성화에 기여했다는 평가를 받고 있다. 테마도 다양하여 녹지, 거주지 만들기, 경관과 거리풍경, 공공시설, 교통 문제, 고령자와 장애우, 육아, 네트워크 형성 등 다양한 분야에 지원되었다.[23] 대표 프로젝트인 가라수야마가와 녹도 조성사업과 가라수야기강 정비계획 추진 시 주민협의회의 의견을 받아들여 당초 직선으로 정비하려던 세타가야구의 정비계획안을 원래 하천부지의 자연스러운 굴곡 형태로 바꾸고, 사라진 하천을 실개천으로 복원하는 데 성공하였다. 마을만들기의 공간적 범위가 행정편의로 짜여진 틀이 아니라 주민들의 일상생활공간으로 변화하였고 주민이 주체가 되고 행정은 뒷받침하는 역할 관계를 유지하고 있다. 마을만들기센터(준행정 준민간기구)가 주민

23) 국토연구원, 위의 글, 2008, p.91.

의 지원활동을 담당한다. 마을만들기 경험에서 축적된 노하우를 마을 여건에 맞는 제도를 제정하고 활용하는 데 적용하고 재정적으로 행정기관으로부터 독립하기 위한 여건을 갖추어 가면서 명실공히 자치구로서 발전해 가고 있다. 다이시도마을의 성공에는 장소성에 대한 관심과 자연경관을 보존하기 위한 노력, 현대와 역사성을 조화시키려는 주민의식이 밑바탕이 되었다. 2000년대 들어 환경, 안전, 주민네트워크 강화 등의 목표를 수립하고 활동하고 있다. 서울시가 마을공동체 운동을 시작하면서 이 마을의 경험과 성공 노하우를 벤치마킹하려는 한 것처럼 행정의 모범사례로 손꼽히고 있다.

5. 길

1) 산티아고 순례길[24]

순례를 관광의 일부로 간주하려는 시각이 관광학을 중심으로 한 실용학문 분야에서 팽배해지고 있다. 순례를 종교적 제의로서가 아니라 관광의 하위 개념인 종교관광으로 분류하려는 시도가 빈번한데, 그것은 산업적 측면에서 "매력적인 시장"이기 때문이다. 전 세계적으로 '종교 여행'은 가장 빠르게 성장하는 부문 중 하나로 매년 3억~3억5천만 명이 종교유적지를 방문하고 있고,[25]

---

24) 산티아고 순례길의 내용은 필자의 2018년 논문, 「증산순례길 제언」, 『대순사상논총』, 제31호, pp.143-150에서 일부 발췌함.

25) UNWTO, "Tourism Can Protect and Promote Religious Heritage." http://media.unwto.org/press-release/2014-12-10/tourism-can-protect-andpromote-religious-heritage?page=1&field_news_date_value[value][year]=2014&field_news_date_value[value][month]=12&title= 참조, 검색일자: 2018년 6월 26일.

이는 순례가 경제적 측면에서 한 지역이나 국가의 발전에 기여할 수 있다는 방증이다.

스페인어로는 El Camino de Santiago, 영어로는 The Way of Saint James로 알려진 산티아고 순례길은 스페인 북부 도시 산티아고(Santiago de Compostela)의 대성당으로 가는 성지 참배길을 말한다. 스페인 전설에 따르면, 예수 사후 그의 12제자가 세상으로 흩어진 후 그중 한 명인 대야고보(St James the Greater)가 예수의 가르침을 전하기 위해 스페인 갈리시아(Galicia) 지역으로 여행하였는데, 이때 그의 이름이 스페인어로 번역되어 산티아고라는 도시명이 탄생하였다. 서기 44년에 팔레스타인으로 돌아간 대야고보는 예루살렘에서 순교를 맞았고, 그의 제자 2명이 그의 시신을 은밀히 운구하여 배편으로 갈리시아의 항구 도시 이리아 플라비아(Iria Flavia)로 보내 인근 숲에 비밀리에 매장하였다. 그 후 잊혀져 가던 그의 무덤은 813년과 820년 사이에 숲 속에 사는 양치기에 의해 발견되었고, 이에 이리아 플라비아 주교는 무어인들에게 대항한 기독교인의 상징으로 그의 무덤을 보호하기 위해 예배당을 지었는데, 그것이 현대의 산티아고 대성당의 유래가 되었다. 950년경에는 최초의 순례자들이 산티아고 순례를 시작하였고,[26] 12세기 초에는 디에고 겔미레스 대주교(Archbishop Diego Gelmirez, 1100-1140)의 열정적인 장려로 로마와 예루살렘

26) Warkentin, B., “Spiritual but Not Religious: The Fine Line between the Sacred and Secular on the Camino de Santiago,” *Social Work & Christianity*, Vol.45 No.1, 2018, p.112.

과 더불어 대표적인 중세 순례지의 하나로 자리하였다.[27] 12세기부터 14세기까지는 절정기로 매년 15만~50만 명의 순례자들이 방문하였고, 르네상스와 종교개혁을 맞이해서는 순례자 수가 상당할 정도로 감소하였으며, 그 후 20세기 이전까지는 거의 사람들의 기억에서 벗어나 있었다.[28] 20세기에는 차나 비행기와 같은 기계화된 교통수단의 발달로 산티아고를 찾는 사람들이 늘어나기 시작했지만 도보나 말을 이용하는 순례자들의 수는 오히려 감소하였고, 최근 30년 사이 관심이 폭발적으로 늘어나 도보 순례자는 1987년 2,905명이었던 것이 2,007년에는 114,026명으로 대폭 증가하였다.[29]

27) Pilgrim's Reception Office, "The Pilgrimage to Santiago de Compostela," https://oficinadelperegrino.com/en/pilgrimage/introduction/ 참조, 검색일자: 2018월 6월 29일.
28) Warkentin, B., 위의 글, p.112.
29) Pilgrim's Reception Office, "The Pilgrimage to Santiago de Compostela," https://oficinadelperegrino.com/en/pilgrimage/introduction/ 참조, 검색일자: 2018년 6월 29일.

[표 3] 산티아고 순례길 순례자 수[30]

1987-1994		2000-2007[1]	
연도	순례자	연도	순례자
1987	2,905	2000	55,004
1988	3,501	2001	61,418
1989	5,760	2002	68,952
1990	4,918	2003	74,614
1991	7,274	2004	179,944
1992	9,764	2005	93,924
1993	99,436	2006	100,377
1994	15,863	2007	114,026

이 중세 기독교 순례길의 강력한 부활은 1982년 교황 요한 바오로 2세(Pope John Paul II)의 산티아고 시 방문, 1985년 산티아고시의 세계문화유산 등재, 1987년 산티아고 순례길의 유럽문화길(European Cultural Route) 공인, 1989년 세계청소년의 날(World Youth Day) 개최, 1993년 산티아고 순례길의 세계문화유산 등재 등을 계기로 더욱 확대되었다.

중세 산티아고로 가는 순례길[31]은 세월의 흐름 속에서 유럽 전역을 연결하는 거미줄처럼 복잡한 육상 및 해상 접근로로 발전하였다. 많은 작은 길들이 있었지만 위의 산티아고 순례길 지도

30) Pilgrim's Reception Office는 2000년도 통계에는 순례자 수를 272,703명으로 적시하였다. 2000년은 가톨릭의 성년(Holy Year)이었기 때문에 수치의 급격한 증가를 기록했지만, 실제로 부정 순례자(산티아고 순례가 요구하는 기준을 충족하기 위해 자동차를 이용하는 것과 같이 부정한 수단을 동원한 사람들)를 제외하면 그렇게 많지는 않아 통계상 차이가 발생하고 있다.

31) Murray, M. and Graham. B., "Exploring the Dialectics of Route-based Tourism: The Camino de Santiago", *Tourism Management*, Vol.18 No.8, 1997, p.68.

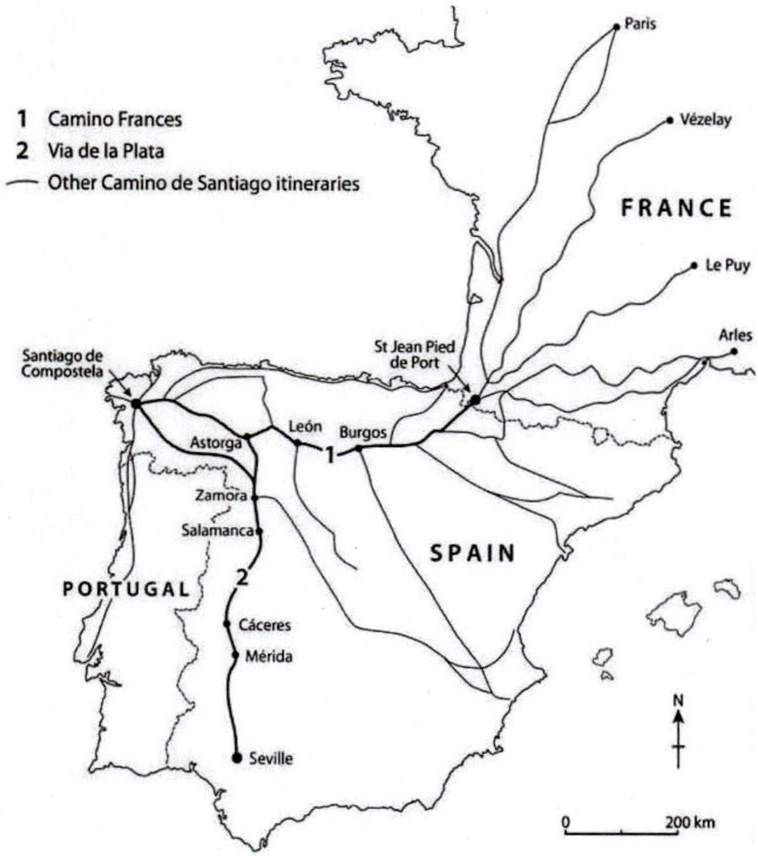

산티아고 순례길 지도(출처: M. Murray & B. Graham)

에서 볼 수 있듯이 프랑스를 비롯한 유럽 각국의 순례자들은 전통적으로 프랑스의 네 도시인 파리(Paris), 베즐레이(Vezelay), 르퓌(Le Puy), 아를(Arles)로 모여들었고, 이곳에서 피레네 산맥(the Pyrenees)을 넘어 소위 '프랑스 길'(Camino Frances, French Way)의 시작점인 프랑스 남서부의 생장삐에드뽀흐(St Jean Pied de Port)에 집결하였다. 프랑스 길은 스페인의 유서 깊은 관광 도시

팜플로나(Pamplona), 부르고스(Burgos), 레온(Leon)을 거쳐 산티아고에 이르는 약 800km 길이를 자랑한다. 산티아고 순례길 중 두 번째로 유명한 길은 '은의 길'(Via de la Plata, Silver Route)로 비교적 최근(20세기)에 공인되었지만 이슬람 지배 하에서 기독교도들이 택하였던 순례 코스였다. 프랑스 길처럼 세월의 흐름 속에 순례자 숙소, 교회 등이 세워졌고 순례자들은 카세레스(Caceres)의 산티아고 기사단(Knights of Santiago)으로부터 보호를 받았다. 산티아고 순례길 중 가장 긴 약 1,000km에 달하는 이 루트는 프랑스 길보다는 마을 등의 주거 시설이 덜 밀집한 채 주로 텅 빈 긴 시골길로 구성되어 있어 힘겨운 코스로 알려져 있으며 순례자들의 이용 또한 적은 편이다.

2) 경기옛길

경기옛길은 1776년 실학자 여암(旅庵) 신경준(申景濬)의 『도로고(道路考)』에서 소개하고 있는 한양과 각 지방을 연결하는 6대로를 원형으로 역사문화탐방로를 조성한 사업이며, 현재 삼남·의주·영남길이 차례로 개통되어 경기도 내 13개 시, 군을 관통하고 있다. 지나는 길목마다 문화유산을 마주할 수 있어 색다른 즐거움을 선사한다. 조선시대의 도로망을 현대적인 의미의 도보길로 활용하기 위해 시작된 '경기옛길' 사업은 지난 2012년 10월 13일 수원·화성·오산 구간의 개통을 시작으로 과천에서 평택까지 이어지는 삼남길과 고양과 파주를 잇는 의주길을 운영 중이며, 청계산에서 이천까지 이르는 영남길은 서울에서 부산에 이르는 조선시대 최단 간선도로다. 일본과 조선의 사절단이 이 길을 다녔으며 유라시아를 오가는 무역의 중심도로였다.

옛 자료의 부재로 원래 노선을 고수하기보다는 길이 가지고 있는 역사성에 따라 스토리텔링을 충실하게 발굴하여 주변의 문화유산과 지역설화, 지명유래 등을 발굴하고 이를 스토리텔링 소재로 적극 활용하였다. 이는 그동안 상대적으로 주목받지 못했던 도내 문화유산을 재조명하고 이를 통해 해당 지역의 역사와 정체성을 부각하였다. 이에 따라 경기옛길은 탐방로 노선이 지역문화유산을 경유하도록 설계되었고 그간 알려지지 않았던 수원의 옛 수인선 철도나 평택의 옥관자정 등은 경기옛길을 통해 새롭게 가치를 부여받게 되었다. 과천의 온온사와 의왕의 사근행궁터, 고양의 관청령, 옛 수인선 철도, 의주대로 표식, 파주의 임진나루터 등 역시 옛길을 통해 시민들의 사랑을 받는 지역문화유산이 된 경우라고 할 수 있다. 옛길의 역사성을 강조하기 위해 안내지도에 조선 후기의 노선을 병기하였다. 대부분의 옛길 연구가 대체로 조선 후기에 간행된 김정호의 대동여지도를 기준으로 하고 있음을 감안하여, 조선 후기에 이용된 옛길 노선을 탐방로 노선과 함께 안내지도에 표기하였다. 그리고 실제 도로상에는 옛길임을 알리는 표식을 설치하였다. 이를 통해 옛길의 역사성에 대한 학문적 근거를 획득하는 한편 지역의 역사학자들과의 네트워크 구축이라는 효과도 얻을 수 있었다. 또한 의주길의 경우에는 조선 후기의 노선이 현재 차도 형태로 남아있는 것을 감안하여 자동차로 탐방할 수 있는 코스를 제안하기도 하였다.

경기옛길 지도(출처: www.ggoldroad.ggcf.or.kr)

또한 길 주변의 민담, 설화, 지명유래 등을 스토리텔링 소재로 적극 활용하였다. 이는 해당 지역의 역사적 경험을 풍부하게 담고 있기 때문에 지역성을 드러낼 수 있는 훌륭한 스토리텔링 소재이다. 경기옛길은 이러한 장점을 극대화하기 위해 스토리보드의 설치를 비롯해 지역사 연구자나 해설자가 동행하는 역사탐방, 민속탐방, 산성탐방, 생태탐방, 예술탐방 등의 시민 대상 프로그램을 다양하게 운영하여 스토리텔링과 도보여행이 잘 결합할 수 있도록 하였다.[32] 이것을 안내서나 스탬프 등에도 적용하였는데, 예를 들어, 의왕 임영대군 묘역과 관련된 모락산의 지명유래나

32) 정대훈, 「옛길의 문화재적 가치와 활용-경기옛길의 사례를 중심으로」, 『글로벌문화콘텐츠』, 제15호, 2014, pp.34-36.

파주 임진나루의 뱃사공 설화 등은 해당 지역에서만 전해져 오던 이야기를 발굴한 경우에 속한다. 2014년부터는 자원봉사단을 모집하여 주기적으로 직접 옛길을 점검하고 유지, 관리할 수 있는 기회를 제공하고 있다.

6. 축제

1) 강원도 화천 산천어축제

해마다 1월이면 조용하던 강원도의 산골마을은 관광객으로 북적인다. 이제는 혹독하게 추운 겨울을 기다리게 만들 정도로 우리나라의 대표적 겨울축제로 발돋움한 화천의 산천어축제는 2003년부터 시작하여 2005년 문화관광부의 문화관광축제로 지정되었고 매년 수익과 방문객 수를 갱신하는 세계적인 축제가 되었다. 강원도의 접경지역으로 군인이 군민보다 더 많은 수를 차지할 정도의 오지마을로 지역의 자원은 85%의 산과 5%의 물, 7%의 농지가 전부였다. 또한 우리나라에서 가장 추운지역이라는 낙인은 가뜩이나 낙후된 지역경제를 더 쇠락하게 만드는 원인이 되었다. 이러한 위기감은 2000년도 산천어축제의 전신이라 할 얼음축제를 개최하면서 미흡하지만 겨울축제를 견인할 노하우를

산천어 축제장
(출처: http://www.narafestival.com)

산타우체국
(출처: http://www.narafestival.com)

축적하였고 2003년 산천어를 주제로 하는 겨울축제를 통해 도약의 계기를 마련하였다. 산천어축제는 매년 1백만 명 정도가 참가하는 규모로 발전하였으며, 12년 연속 100만 명 이상이 화천을 찾아오고 있다. 축제프로그램에는 빙판 위에서 즐기는 산천어 얼음낚시, 눈과 얼음 위에서 신나게 뛰고 달려 보는 눈썰매와 봅슬레이, 각양각색의 체험과 얼음폭포, 산천어등(燈)과 같은 볼거리를 준비해 관광객들에게 호평을 받고 있다.

얼음 위에서 벌어지는 이벤트다 보니 안전장비를 구비하는 것이 필수적이다. 인근에 보건소를 운영하고 119안전센터, 재난구조대를 설치하여 비상시를 대비해 만반의 준비를 갖추고 있다. 무엇보다도 접근성이 떨어지는 축제장의 불편을 해소하기 위해 셔틀버스를 운행하고 추운 몸을 녹일 수 있는 몸녹임쉼터, 안내방송, 외국어 통역방송, 물품보관소, 휴대폰 충전소 등 관광객들의 편의를 도모한다. 인근 시가지와 연계하여 체험여행도 즐길 수 있게 커피박물관, 산천어공방, 산천어시네마, 조경철 천문대, 감성문학테마공원, 산타우체국 등도 운영한다.

산천어축제의 백미는 얼음낚시이다. 1만 2천여 개의 얼음구멍이 있는 화천천은 수심 2m 정도의 맑은 강이기 때문에 얼음 밑을 들여다보면 강바닥에서 유영하는 산천어를 쉽게 확인할 수 있다. 축제 기간 중에는 매일 1~2톤가량의 싱싱한 산천어를 화천천에 넣기 때문에 약간의 운과 실력만 있다면 누구나 다 한두 마리씩은 건질 수 있다. 전문낚시꾼뿐만 아니라 경험이 없는 초보자들이나 어린이도 산천어 얼음낚시를 즐길 수 있는 이유다. 산천어축제는 그 인기만큼이나 지역경제에 큰 도움이 되고 있다. 2017년 축제기간중 방문객은 1,564,133명, 외국인도 11만 명이 넘었고 경제효과는 970억을 상회하는 것으로 나타났다.[33] 2018년 문화체육관광부는 산천어축제를 글로벌육성축제로 선정하였다. 하루에 관광객 한 명당 지출액도 송이축제에 이어서 하루 4만 3천여 원으로 수위를 차지하며, 외지방문객 총지출액도 산천어축제가 가장 많았다.[34]

2) 강원도 정선아리랑제

정선아리랑은 아리랑 중 유일하게 무형문화재(강원도 무형문화재 제1호, 1971년)로 지정된 토속민요로서 2012년 12월 유네스코 인류무형문화유산으로 등재되었다. 정선아리랑제는 1976년 제1회 축제를 시작으로 지엽적으로 군민화합의 장으로 넓게는 국제

33) 문화체육관광부, 「2017년기준 관광동향에 관한 연차보고서」, 2017, p.239.

34) 류정아, 「한국지역축제 조사평가 및 개선방안 연구 총괄보고서」, 문화관광연구원, 2006, pp.86-87.

적인 공연콘텐츠로 발전하고 있다. 정선아리랑제는 정선의 고유한 민요인 정선아리랑의 문화적 가치를 전 세계에 알리는 한편 이를 통한 지역주민의 문화적 정체성 확립을 목적으로 하고 있다. 주요행사의 내용은 정선아리랑을 중심으로 한 문화예술공연과 민속놀이가 주를 이루고 있다. 2018년 세부내용은 식전행사, 축제의식인 칠현제례 및 기로연, 개막행사인 아라리 문학축전, 아리아라리 공연, 창작공연인 정선아라리 인형극, 합창대회, 전통극인 관노가면극, 북청사자놀음, 삼베길쌈과 같은 재현행사, 부대행사로 전문 전통악단의 공연과 학술행사인 아리랑 포럼 등을 중심으로 12개 부문 40개 행사 117종목에 이르는 규모를 자랑한다.[35]

2005년 제30회 정선아리랑제는 처음으로 '세계아리랑축제'라는 기치를 내걸고 국제적인 도약을 시도했다는 점에서 그 전의 것과 구별된다. 물론 그 도약이란 첫 번째 시도였던 만큼, 러시아를 비롯한 10개국의 다양한 가수와 공연단을 유치하여 공연을 벌인 것에 지나지 않았으며, 본격적인 국제적 문화교류에는 미치지 못했다. 하지만 이러한 대담한 시도를 실천적으로 뒷받침한 행사 또한 적지 않았다.

정선아리랑제는 기획이나 조직, 그리고 운영 면에서 지역주민들이 주체가 되는 지역축제의 모범적인 사례가 되고 있다. 행사에 참여하는 각급 학교 학생들로부터 무형문화재 칭호에 합당한

35) 정선아리랑제 홈페이지, http://www.arirangfestival.kr/frame.html, 검색일자: 2018년 12월 20일.

개막공연 '아리 아라리'(2018)
(출처: www.arirangfestival.kr)

아리랑 포럼
(출처: www.arirangfestival.kr)

총체극 출연자에 이르기까지 참여하고 있는 모든 사람의 정성과 열의에 넘친 모습들은 보는 이로 하여금 감동을 주기에 충분했다. 그러기에 정선아리랑과 아리랑제는 이 지역 주민들의 정서를 한데 묶어주는 문화적 정체성의 매개체로서 부족함이 없었다.[36] 2018년 열린 정선아리랑제는 41억여 원의 지역경제 효과를 가져온 것으로 나타났다.

정선아리랑제위원회는 군수를 비롯한 관계자들이 참석한 가운데 열린 2018년 제43회 정선아리랑제 종합평가 보고회에서 지역 및 관광객들이 40억9,900만여 원을 지출한 것으로 집계됐다고 밝혔다. 또 아리랑제 기간에 7만 7,000여 명의 방문객이 찾는 등 관광 활성화에도 기여한 것으로 분석했다.[37]

---

36) 류정아, 「한국지역축제 조사평가 및 개선방안 연구 심층조사보고서」, 문화관광연구원, 2006, pp.131-134.
37) 강원일보, 2018년 12월 22일자 10면, http://www.kwnews.co.kr/nview.asp?s=501&aid=218122100030

3) 일본 홋카이도 삿포로 눈축제

일본을 넘어 세계적인 겨울 축제로 명성을 얻고 있는 삿포로 눈축제는 삿포로 중고등학생이 6개의 눈조각을 오도리공원에 만든 것이 계기가 되었다. 2차 세계 대전 이후 지역민을 위로하기 위해 시작되었으나, 점차 계절 특성을 활용한 지역 활성화의 목적을 띤 축제가 되었다. 축제는 2018년 68회를 맞이할 정도로 긴 역사를 자랑하며 삿포로의 겨울축제로 정착하였다. 1950년대부터 TV와 신문에 소개되면서 일본의 타지방에서도 대거 참가하는 눈축제로 발전해 나갔다. 1972년 동계올림픽이 삿포로에서 개최되면서 눈축제가 세계에도 널리 알려지게 되는 계기가 되었다.[38] 1974년의 석유파동으로 눈을 운반할 트럭의 연료가 부족해지는 바람에 드럼통으로 뼈대를 만든 후, 그 위에 눈을 덮어 조각을 만드는 임시방편을 쓰기도 하였다.

70년대 중반부터 중국의 심양, 캐나다의 앨버타주, 독일의 뮌

얼음조각 전시장(출처: www.snowfes.com)

38) 삿포로 눈축제 소개영상, https://www.youtube.com/watch?v=Ye_HCT5BC0Q

헨, 호주의 시드니, 포틀랜드 등 삿포로와 밀접한 관계를 맺고 있던 해외 도시나 지방을 테마로 한 눈조각을 제작하기도 하여 국제적인 행사로 발전했다. 1983년 제34회 눈축제부터 제3의 행사장인 '스스키노 행사장'을 신설하는 등 규모가 날로 커지고 있다. 매년 출품되는 눈조각 및 얼음조각의 수는 250기가 넘는다. 환상적인 조각품들이 전시되는 메인 장소인 오도리공원의 축제는 약 일주일간 진행된다. 이 기간 동안 국제 눈조각 콩쿠르가 열리며, 스노우래프팅장, 패밀리광장 등이 개장한다.[39]

4) 독일 옥토버페스트(Oktoberfest)

옥토버페스트는 매해 9월 독일 뮌헨에서 바바리아 문화를 보존하고 동시에 지역경제에 기여하는 대규모 맥주축제이다. 1810년 바바리아 지방의 루드비히 왕자(훗날 루드비히 1세)와 작센-힐트부르크하우젠의 테레제 공주의 결혼식 축하연회에서 유래된 것으로 전해진다. 며칠 동안 이어진 이 화려한 피로연에는 뮌헨 시민들이 초대되고 경마와 맥주, 와인이 등장하였다. 당시 독일은 영토를 확장하고 행정을 개편하는 등 혼란한 시기였기 때문에 지역민의 결속이 무엇보다 필요했고 왕실의 결혼식이 훌륭한 수단이 되었던 것이다. 결혼 축하행사는 이후 차츰 발전하여 뮌헨의 대표적인 축제가 되었다. 옥토버페스트는 뮌헨시장이 "마개가 열렸다(Ozapftis)"라고 외치면서 개장하여 보통 9월 중순부터 10월

39) 삿포로 눈축제 공식홈페이지, www.snowfes.com, 검색일자: 2018년 12월 20일.

맥주 행사장
(출처: https://www.oktoberfest.de)

초까지 2주 정도 열리는데 6개의 뮌헨산 맥주를 포함해 전 세계의 맥주를 맛볼 수 있는 것은 물론 퍼레이드, 밴드 공연, 와인 텐트시음장 등에서 다채로운 행사를 진행한다.[40]

매년 6백만 명 이상이 방문하는 옥토버페스트는 1년 전 이듬해 행사 일정을 미리 공지하는 것으로 알려져 있다. 2019년은 9월 21일 개장하여 10월 6일까지 이어질 예정이며 뮌헨시가 개회식을 시작으로 전통의상을 입은 9천여 명의 참가자들이 펼치는 화려한 공연과 연주를 볼 수 있는 퍼레이드, 1,200명의 어린이들이 참가하는 옥토버페스트 관광, 노년층을 위한 스페셜 오찬, 가족단위 관광객을 위한 놀이공원, 콘서트 등 남녀노소 모든 계층의 방문객들을 위한 행사를 운영할 예정이다.[41]

옥토버페스트의 특징은 '친환경적 축제'라는 점이다. 1991년부터 1회용 식기류의 사용을 금지하고 캔 음료 역시 판매를 금지했다. 쓰레기는 용도별로 분리하고 재활용 쓰레기를 위한 분리수거도 해야 한다. 음식물 찌꺼기는 따로 수거하여 관련 시설로 보내

40) 옥토버페스트 공식홈페이지, https://www.oktoberfest.de/en/, 검색일자: 2019년 1월 1일. 소개영상, https://www.youtube.com/watch?v=Qe3orG9n5GA
41) 옥토버페스트 인터내셔널 가이드 홈페이지, https://www.oktoberfest.net/oktoberfest-2019-program/, 검색일자: 2019년 1월 1일.

축제의 소시지 가게(출처: https://www.oktoberfest.de)

진다. 건강에 대한 관심이 높아진 가운데 축제장에서는 EU에서 인증한 자연식품이 판매된다.[42]

42) 사순옥, 「지역축제의 세계화: 뮌헨의 옥토버페스트」, 『카프카연구』, 제 12집, 2004, p.101.

7. 이주공동체

1) 인천차이나타운

인천차이나타운은 인천광역시 중구 북성동, 선린동, 항동 일원에 위치하고 있다. 조선말 인천항에 청나라 조계지가 설치되어 중국인의 거주가 이루어지고 상권이 활성화됨에 따라 이국적 경관을 갖춘 중국인 경제활동 중심지가 되었다. 차이나타운은 일제 강점기 이후 한국전쟁을 거치면서 위축된 모습을 보였으나, 최근 관광산업의 활성화에 따라 지역관광산업의 거점이 되었다. 쇠락해 가던 지역이 되살아나게 된 배경에는 우리나라가 1997년 외환위기로 IMF체제에 들어서면서부터이다. 정부가 화교 자본 유치에 적극적으로 나서면서 차이나타운과 화교들이 다시 부각되기 시작하였다. 인천시 중구청이 관내에 있는 차이나타운을 개발할 전담팀을 만든 것도 1998년 즈음이다.

인천차이나타운 입구
(출처: www.chinatown.alltheway.kr)

삼국지벽화거리
(출처: www.chinatown.alltheway.kr)

인천시의 청사진에 따라 2001년 차이나타운을 포함한 월미관광특구가 지정되었다. 인천시는 이 일대를 국제적 관광명소로 조성하고자 하였다. 2007년에는 지역특화 발전특구로 지정하여 관광·레포츠 분야 지역특화 발전특구로서 규제 특례를 적용받고 관광시설을 확충하고 있다. 아울러 중국 상점거리, 짜장면 박물관, 야외 문화공간, 삼국지 테마거리를 조성하고 거리 예술제, 중국어마을 등 유·무형의 관광 인프라 개발로 관광산업의 활성화를 도모하고 있다.[43]

하지만 식당가 위주의 거리에는 메뉴가 천편일률적이고 잡화점 역시 중국의 저가제품이 넘쳐 난다. 또한 중국과 관련 없는 터키 아이스크림이나 사탕수수 음료수 가게도 보인다. 다양한 중국문화를 즐길 수 있는 콘텐츠보다는 잘 팔리는 상품만이 대거 진열되어 있다. 뿐만 아니라 차이나타운 조성 초기부터 화교가 자연스럽게 프로젝트를 주도했다기보다는 지자체가 인위적으로 경제

43) 인천차이나타운 소개영상, https://www.youtube.com/watch?v=3IR_KMjtkTE

적 목적을 위해 수립한 측면이 강하기 때문에 화교의 손길이 묻어나는 개성 있는 상점이 드문 편이다. 전국에 차이나타운이 연이어 조성되고 있지만 정작 화교인구는 날이 갈수록 감소하고 있으며[44] 신분을 법적으로 보장하는 데 있어 차별적 조항도 여전히 남아 있어, 화교의 중국문화를 이용한 지역개발사업에 걸림돌이 되고 있다.

2) 안산 다문화마을특구

안산시는 서울에서 30km 남서부에 위치한 서해안과 인접해 있는 도시로 1960년대의 경제 개발 과정에서 조성되었고, 서울에 집중된 인구 및 산업을 분산하기 위한 목적으로 반월공단의 배후도시로 개발되었다. 이후 안산시는 1986년에 시로 승격되었고, 그 후 7년여 만인 1994년에는 인구 46만 명의 도시로 급성장하였으며, 1994년에는 옹진군 대부면이 시로 편입되면서 현재는 인구 71만여 명의 대도시로 비약적인 발전을 이루고 있다. 이런 과정에서 안산시 원곡동 일대는 반월·시화공단과의 지리적 근접성으로 인해 자연스럽게 공단 근로자들의 집거지로 변화하기 시작하였다.

1990년대 이후 내국인 근로자의 저임금 3D 업종의 기피 현상 속에서 이주노동자들이 유입되었고 원곡동 일대는 점차 외국인 이주자의 거주 지역으로 자리 잡기 시작하였다. 안산시에는 2018

44) 한성화교협회에 따르면, 현재 2만여 명의 화교가 협회에 등록되어 있다.

안산 외국인주민센터(출처: www.blog.naver.com/ansanfo)

년 11월 현재 전체 717,000여 명의 인구 중 85,890명의 외국인이 있으며 원곡동 일대에만 2만 명 이상이 거주하고 있는 것으로 조사된다. 우리나라 전체로 보면 외국인이 4% 정도인 것에 비하면 안산시 거주 외국인 비율은 거의 과반에 육박할 만큼 높은 비중을 차지한다.

귀화자나 다문화가정 자녀가 포함되면 과반을 넘어갈 것으로 예상할 수 있다.

이러한 시의 특징에 알맞게 안산시는 1990년대 중반이후 '다문화가 공존하는 열린 국제도시'를 지향하고 시정의 발전 비전으로 정하고 있다. 특히 안산시는 외국인 주민 및 다문화가족 지원 조례에 의거하여 2008년 5월부터 '외국인주민센터'를 운영하고 있다. 또한 안산역 대중교통 환승센터구축, 간판이 아름다운 거리 조성, 만남의 광장 활성화, 특화거리 조성, 다문화포럼 개최,

다문화음식 거리 조성, 다문화축제 그리고 다문화홍보관 운영 등의 사업을 추진하거나 이미 진행하고 있다. 외국인을 대상으로 한 편의시설 확충에도 적극적이어서 다문화특구 치안센터, 이주민 통역지원센터, 기업은행 외환송금센터, 그리고 다문화가정 자녀들을 위한 도서관을 운영하고 있다.

세계문화체험관 수업
(출처: www.mc.ansan.go.kr/)

2009년 안산시는 원곡동 일대에 다문화마을특구를 지정받아 다양한 나라의 문화적 특성을 관광 상품화하고 다문화 인식 개선 사업을 꾸준히 펼치고 있다.[45]

특구 내 다문화음식거리는 어느 외국의 거리로 착각할 정도로 외국어 간판과 외국 음식점이 즐비하다. 물론 이곳을 찾는 사람들의 상당수가 외국인이다. 외국인들에게는 자국의 향수를 달랠 고향과도 같은 곳으로, 한국인들에게는 평소 접하기 어려운 외국 음식을 맛볼 수 있는 곳으로 알려져 있다. 중국, 러시아, 베트남, 인도, 우즈베키스탄, 인도네시아, 스리랑카 등 90여 개 아시아권 식당과 아시아 마트가 자리하고 있어 다양한 음식과 물품을 접할 수 있다. 2009년에는 '음식문화시범거리'로 경기도 지정을 받

45) 안산다문화마을특구 홍보영상, https://www.youtube.com/watch?v=-LyHjmQGXhs

으면서 음식문화관광도시로의 이미지 제고를 위한 위생환경개선 사업도 활발하게 추진하고 있다.[46] 그러나 언론에 의해 전형적인 외국인 공간이라는 이미지와 범죄와 쓰레기 투기로 인한 비위생적인 곳, 교통이 혼잡한 곳으로 부정적인 인식도 공존한다. 특히 쓰레기 문제와 노점상 문제로 인해 내국인과 외국인 간의 갈등 해소가 남은 과제이다.

3) 미국 캘리포니아주 솔뱅(Solvang)

이민자의 나라답게 미국에는 수많은 이주공동체가 있다. 코리아타운을 비롯하여 세계에서 가장 큰 규모중 하나를 자랑하는 차이나타운이 거점 도시마다 형성되어 있으며 유태인타운, 일본인타운, 이탈리안타운 등은 물론이고 다수의 소수민족을 차지하는 멕시컨타운까지 자연스럽게 공동체를 이루어 살고 있다. 이곳들은 자국의 문화발신지이자 문화접변의 중심지로서 소수민족의 문화정체성을 보존하는 역할을 할 뿐만 아니라 미국인들이 이국적인 문화를 폭넓게 접함으로써 서로간의 지속적인 소통과 교류가 일어나는 다문화공간이기도 하다. 연중 비교적 온화한 기후와 로스앤젤레스, 샌프란시스코 등 세계적으로 알려져 있는 메가도시들이 많은 캘리포니아 남부 LA에서 약 240km 북쪽으로 운전하다 보면 한 폭의 그림 같은 풍광이 펼쳐진다. 1911년 덴마크 이민자들이 이주하여 정착한 솔뱅(태양이 비추는 땅)이다. 많

46) 안산시청 홈페이지, http://tourinfo.iansan.net/content.do?cmsid=10002&cntid=10195, 검색일자: 2018년 12월 20일.

줄페스트 퍼레이드
(출처: https://twitter.com/SolvangUSA)

포도밟기 행사
(출처: https://twitter.com/SolvangUSA)

은 유럽계 이민자들은 신대륙으로 건너와 여러 세대를 거치면서 미국문화, 즉 다수를 차지하고 있던 영어를 사용하는 앵글로색슨계 문화로 자연스럽게 동화의 단계를 거쳤으나 몇몇 공동체가 남아 미국의 유럽마을로 자리 잡았다. 솔뱅은 처음에는 이민자들이 경영하는 화훼산업으로 도시가 시작되었으나 문화유산을 관광 상품화하여 방문객에게 '미국 속의 작은 덴마크'를 체험하게 하는 전략으로 수정하면서 현재는 덴마크 문화를 즐길 수 있는 작은 덴마크마을로 유명해졌다.[47]

마을의 랜드마크인 풍차를 중심으로 덴마크 고유의 아기자기한 상품을 파는 상점이나 식당들이 자리 잡고 있어 이색적인 경관을 연출하고 있을 뿐만 아니라 덴마크하면 떠오르는 동화작가 안데르센의 인어공주상, 전통문화 축제, 덴마크식 팬케이크 가게 등 다양한 조형물과 문화프로그램들로 이루어져 있다. 이 중 덴마크의 날 축제, 민속무용공연, 전통문화퍼레이드, 마을투어프

47) 솔뱅 소개영상, https://www.youtube.com/watch?v=NMohqen0d9M

로그램, 덴마크어 환영간판, 안데르센박물관 등 관광객을 위해서 의도적으로 연출되는 요소들을 배치하였다. 3월에는 '솔뱅의 맛' 축제를 통해 덴마크 맥주나 와인 등 먹거리로 관광객을 끌고 있으며 7월 4일 독립기념일은 퍼레이드를 진행하고 9월에는 덴마크의 날, 10월은 관광객들이 직접 포도를 따고 발로 짓이겨 포도즙을 생산하는 체험행사를 열고 있다.[48] 이 밖에도 덴마크풍 건축물이나 풍차, 도자기 인형점, 민속 수공예품, 지붕 위에서 발견할 수 있는 새 조형물 등은 지역주민들의 생활문화를 경험하고 있는 듯한 느낌을 주는 요소들로서 관광객의 일체감을 높여준다. 솔뱅의 많은 건물이나 구조물들은 정착을 시작했을 때부터 존재했거나 관광객이 많아지면서 의도를 가지고 지속적으로 증축이나 개축된 것이 많다.[49] 그럼에도 불구하고 솔뱅은 전통과 현대가 잘 어우러진 덴마크마을로서 마을의 역사와 문화정체성을 지키기 위해 끊임없이 노력하고 있다.

48) 솔뱅시 홈페이지, https://www.solvangusa.com/, 검색일자: 2018년 12월 10일.
49) 김지나, 한소영, 조경진, 「장소마케팅에서 공간 스토리텔링의 중층 구조에 관한 연구-미국 솔뱅시와 한국 제천시를 중심으로」, 『한국도시설계학회지 도시설계』, 제16권 제3호, 2015, pp.68-69.

8. 유럽의 에코뮤지엄

1) 영국 플로든 1513 에코뮤지엄(Flodden 1513 Ecomuseum)[50]

영국과 스코틀랜드의 경계에 위치하고 있는 플로든은 지역에서 벌어진 전쟁의 참혹한 기억을 승화하여 역사의 장으로 삼는 다크 투어리즘의 지역이자 곳곳에 산재해 있는 전쟁유적 및 문화유산을 재조직하여 지역의 정체성을 전시하는 에코뮤지엄으로 알려져 있다. '플로든 1513 에코뮤지엄'은 1513년 9월 9일 금요일에 대포와 전술 면에서 우월했던 스코틀랜드가 긴 활을 사용한 잉글랜드에 패함으로써 스코틀랜드의 왕이 플로든 벌판에서 전사하고 헨리 8세에게 영국의 왕위가 전승되었던 플로든 전투를

50) 필자의 논문, 「전쟁.안보문화콘텐츠를 활용한 지역 활성화 방안에 관한 연구: 강원도 철원군과 영국 Flodden 사례를 중심으로」, 『글로벌문화콘텐츠』, 제16호, 2014년. 글에서 일부 발췌하였다.

배경으로 한다. 영국에서 이 전투가 기억되는 이유는 영국 군주가 전쟁터에서 전사한 마지막 전투라는 점 외에도 2만여 명의 스코틀랜드인과 5천여 명의 잉글랜드인이 사망하는 비극적인 영국 역사의 단면을 배경으로 무수한 전설과 문학을 간직하고 있기 때문이다.

2008년에 스코틀랜드와 잉글랜드의 접경지에 거주하는 일단의 주민들은 2013년 500주년을 맞이하는 플로든 전투에서 그 역사적 의미를 찾기 위해 토론회를 만들기로 하였는데, 지역민들에게 적지 않은 반향을 불러일으켰고, 이것이 발단이 되어 잉글랜드 최초의 에코뮤지엄인 플로든 1513 에코뮤지엄의 설립으로 이어지게 되었다. 30여 명의 주민과 단체는 플로든 전투의 의미를 되새기며 이것을 바탕으로 지역사회의 발전을 꾀하고자 2008년에 '플로든 1513 커뮤니티'를 조직하여 지역사회로부터 긍정적인 반응을 이끌어내게 되었다. 이를 계기로 참여자가 증가함에 따라 '플로든 500 Steering Group'이라는 공식 단체가 설립되어 여러 행사를 개최하기 시작하였고, 각종 국내외 기금의 재정 지원에 힘입어 에코뮤지엄 조성에 박차를 가하였고 지역사회가 중요하다고 판단되는 플로든 전투와 밀접한 연관이 있는 20개소 중 12곳(잉글랜드 8곳, 스코틀랜드 4곳)을 선정하여 플로든 1513 에코뮤지엄을 설립하기에 이르렀다.

에코뮤지엄 설립에서 주민 참여가 가장 강조되듯이 플로든 1513 에코뮤지엄은 기획 단계부터부터 주민의 주체적 참여가 무엇보다도 중요한 역할을 하였다. 다시 말해, 중앙정부나 지방정부의 주도가 아닌 자생적으로 조직된 80여개 단체와 200명 이상의 주민이 자발적으로 에코뮤지엄을 운영하고 있다는 데 그 특징이 있다. 주민들의 참여가 에코뮤지엄 성공의 관건이라는 인식 속에서, 운영되는 프로그램의 상당수는 일차적으로 지역주민의 애향심을 제고하는 방향으로 진행되고 있다. [표 4]에서 볼 수 있듯이, 플로든 전투를 고고학, 교육, 집안 가계(genealogy), 고증 연구의 측면에서 접근하려는 시도가 돋보이며, 자원봉사자의 발굴 및 교육 또한 주요 관심 영역으로 설정하였다.

[표 4] 플로든 1513 에코뮤지엄의 추진 방향

분류	내용
고고학	• 자원자를 모집하여 고고학적 훈련 • 플로든 벌판을 걸으며 유물 탐지 및 발굴
교육	• 지방의회의 지원으로 관련 교육 자료 제작 및 배포 • 초등교사 연수 • 어린이들에게 지역의 역사를 가르치도록 장려
서지	• 국내외 플로든 전투 관련 자료 조사 • 관련 자료 데이터베이스 구축
가계	• 조상의 플로든 전투 참전 여부 조사 • 가계도 작성 및 데이터베이스 구축
자원활동	• 전문 분야별 교육 • 행사 관련 지원 교육

출처: www.flodden1513ecomuseum.org

플로든 1513 에코뮤지엄은 풍부한 지역문화유산과 주민의 자발적 참여 외에도 그 지역이 갖는 생태적 환경 또한 중요한 역할을 한다. 보더스(Borders) 지역은 트위드 강(River Tweed)이 바다로 흘러들며 지리적으로 북대서양 연안과 접해있기 때문에 영국

플로든 전쟁터(battlefield)
(출처: www.flodden1513ecomuseum.org)

발굴체험
(출처: www.flodden1513ecomuseum.org)

내에서도 수려한 풍광으로 유명하다. 지역문화유산을 적극적으로 활용하기 위해서는 체험과 같이 직접적으로 탐방객 또는 관광객들의 참여가 중요한데, 12개소의 유적지는 우리나라의 둘레길과 같은 많은 한적한 시골길로 연결되어 탐방객들이 걸으면서 강이나 바다의 풍경을 만끽할 수 있다. 이와 더불어 연어로 유명한 트위드 강을 적극적으로 활용하여 낚시 애호가들의 인기를 끌고 있으며, 북대서양 해안선을 따라 개인이나 단체가 참여할 수 있는 자전거용 도로 및 승마길 등이 다수 조성되어 있고, 골프장 또한 여러 곳이 있으며, 보더스 지역을 중심으로 연극을 관람할 수 있는 극장과 예술품을 전시·판매하는 공간이 구비되어 있어서 다양한 체험 중심의 레저 활동이 가능하다.

플로든 1513 에코뮤지엄은 2018년 현재 처음 12개 지구로 조성된 에코뮤지엄의 경계를 근거리 24개, 장거리 8개 지구로 확대하였으며, 이와 더불어 2013년 플로든 전투 500주년을 계기로 각종 전시회, 주민과 내방객이 참여하는 축제를 마련하는 등 대대적인 행사를 개최하였다. 이와 같이 플로든 1513 에코뮤지엄의 조성과 성공은 결론적으로 전쟁 관련 역사문화유적, 지역주민의 자발적 참여, 수려한 생태 환경의 세 가지 요소가 면밀하게 결합함으로써 가능하였다.

2) 프랑스 알자스 에코뮤지엄(Ecomusée d'Alsace)

알퐁스 도데의 유명한 단편소설 <마지막 수업>이 배경이 된 프랑스 북동부 알자스에 위치한다. 프랑스가 프로이센과의 전쟁에 패하면서 알자스 주가 독일로 귀속되어 모국어 대신 독어를 써야만 했던 알자스 지역민들의 서러운 역사를 고스란히 담고 있다. 소설의 배경이 된 알자스 주는 실제로 프랑스와 독일로 여러 차례 국적이 바뀌면서 두 개의 문화가 자연스럽게 공존하는 독특한 지역 정체성을 형성했다. 주요 도시로는 주도인 스트라스부르를 비롯해 콜마르와 뮐루즈 등이 있다. 지금도 각 마을에서 독일어를 병기한 안내판을 쉽게 볼 수 있고, 작은 강 사이에 전혀 다른 건축 양식을 만날 수 있다. 당연히 독일어를 능통하게 구사하는 주민도 많다. 이처럼 특유의 생활문화를 간직했던 알자스 지방 역시 산업화로 전통적인 지역산업인 포도농업과 광업이 쇠락하면서 주민들은 생업을 바꾸거나 일자리를 찾아 도시로 떠났다. 그 결과 버려진 근대 건축 문화유산을 보존하고 지역의 전통문화를 전승하기 위해 논의된 것이 에코뮤지엄이다.

알자스 에코뮤지엄은 1984년 설립되어 현재 비영리단체인 알자스에코뮤지엄협회가 운영 중이다. 알자스 에코뮤지엄에 들어서면 마치 도데의 소설 배경인 1870년대로 회귀한 것 같은 풍경

전통주택

예전 수업 체험(출처: www.ecomusee.alsace)

이 펼쳐진다. 1971년부터 복원한 알자스의 전통 농가 건물 73채부터 광산의 흔적, 작은 폭포와 강과 같은 멋진 자연환경, 전시와 교육 및 체험프로그램까지 알자스의 전통문화를 체험하고 여러 가지 놀이를 즐길 수 있다. 에코뮤지엄에 종사하는 직원과 자원봉사자들은 그 시대의 복장과 생활방식으로 살아가면서 관광객들을 맞이한다. 그중 상당수의 자원봉사자들은 자신들이 예전에 사용하던 직업 관련 도구와 집기 등을 기꺼이 기증하고 봉사 활동도 펼치고 있다. 주택, 상점, 학교, 농장, 교회, 목재소, 대장간 등이 재현되어 있고 실제 장인들이 옛 도구를 사용해서 작업하고 있는 모습을 쉽게 볼 수 있다. 이들은 자신들의 기술을 전수하는 교육에도 참여하고 있다. 특히 알자스 에코뮤지엄은 보존뿐만 아니라 다양한 주제의 축제와 레저 프로그램을 운영하면서 지역을 대표하는 관광지로 자리 잡았는데, 매년 20만여 명이 방문하고 있다.[51)]

---

51) 알사스 에코뮤지엄 소개영상, https://www.youtube.com/watch?v=aeHKqDdZ2co

3) 스웨덴 베르슬러겐 에코뮤지엄(Bergslagen Ecomuseum)

스웨덴의 에코뮤지엄의 특징은 그 크기가 웬만한 도시 전체보다도 클 수 있다는 점이다. 심지어 서울의 면적보다 넓다.[52] 따라서 여러 개의 지자체가 기획단계는 물론이고 건립 후에도 긴밀하게 협력할 수밖에 없다. 스웨덴 중부 750㎢에 달하는 베르슬러겐 에코뮤지엄은 7개의 지자체가 협의하여 설립하였다. 광산, 용광로, 제철소, 운하, 철도 등 산업유산을 포함한 68개에 이르는 새털라이트(위성박물관)로 구성된다. 이러한 위성박물관들을 모두 거쳐 가려면 자동차로 3시간가량이 소요된다. 베르슬러겐은 18세기에 건설된 스트롬스홀름 운하(Strömsholms kanal)를 중심으로 유럽에서 가장 큰 규모로 제철산업이 발달한 지역이었으나, 19세기 제철업이 쇠퇴하면서 관련 산업시설과 광산 등이 방치된 상태로 남아 있게 되었다. 기원전 4세기 무렵부터 2천년 넘게 광산업이 주요 산업이었던 이곳이 1986년 과거의 역사성을 기반으로 지역 유산과 산업 역사를 전시하는 에코뮤지엄으로 탈바꿈하였던 것이다.

베르슬러겐은 원래 '바위'나 '광산'을 뜻하는 말로서 전통적인 철 생산지였다. 이에 따라 지역정체성에 알맞게 '철의 역사'를 테마로 정하고 지자체 및 주민들이 적극적으로 에코뮤지엄 활동에 나서고 있다. 1990년 철과 관련한 문화유산의 보호, 주정부 산하

52) 김상욱, 「스웨덴의 '에코뮤지엄' 주민과 지역사회가 관리, 운영의 주체-생활양식, 자연환경 등 열린 공간자체를 박물관화하다」, 『월간 주민자치』, 제71호, 2017, p.114.

노르베르그 광산박물관 입구
(출처: www.ekomuseum.se)

스트롬스홀름 운하
(출처: www.ekomuseum.se)

연구원의 역사 문화 연구 및 정보 제공, 각종 세미나와 체험 활동의 기획, 관광산업과의 연계, 역사 문화 관련 지역 주민의 동아리 활동 등이 7개의 지방자치단체와 중앙정부로부터 자금지원을 받은 에코뮤지엄 사무소를 통해 운영되고 있으며, 각 지자체나 박물관에 별도의 홍보 및 유산 관리 등을 담당하는 사무소가 구축되어 있다. 각 위성박물관의 팜플렛 작성, 예술가와 함께하는 홍보 활동 및 강좌, 박물관 상품의 기획·판매 등을 통하여 관광산업의 발전을 꾀하고 있다. 베르슬러겐 에코뮤지엄 전체에서 600명 이상의 자원활동가들과 다양한 지역유산 협회들이 참여하여 각 위성박물관의 복원이나 운영, 관광객 가이드 등을 담당하며 각 지자체 별로 에코뮤지엄을 담당하는 공무원을 두고 있다.[53)]

53) 충남연구원, 「공무국외여행 결과보고서-스웨덴 스톡홀름, 크리스티안스타드, 말뫼-」, 2015, pp.15-17.
베르슬러겐 에코뮤지엄 홈페이지, http://ekomuseum.se/?lang=en, 검색일자: 2018년 12월 15일.

9. 작가의 고향

1) 영국의 스트랫포드 온 에이븐(Stratford-on-Avon)

스트랫포드는 행정구역상 영국의 수도 런던에서 서북쪽으로 150km 지점에 위치하며 인구 118,000여 명의 농촌 지역이다. 농업(13%)과 관광업(17%) 분야가 고용에서 중요한 역할을 차지하며, 소매와 요식의 지출은 전체 관광 수입의 56%에 해당한다. 이 자치구에는 250개의 촌락과 4개의 마켓타운(market town)이 있고, 연간 500만여 명의 관광객이 방문하며, 자치구 전체로는 970억 파운드의 직접 생산 효과를 발생시키고 있다. 셰익스피어 탄생 200주년 축제를 기점으로 스트랫포드는 문학관광지로서 세간의 주목을 끌기 시작하였다.[54] 이후 1815년에 미국의 정치인이

54) 스트랫포드 셰익스피어 페스티벌, 홍보영상, https://www.youtube.com/watch?v=WQOejIWjyxg

자 문인인 워싱턴 어빙(Washington Irving)이 '시적 순례'라 칭하며 방문한 것을 계기로 작가들의 방문이 줄을 잇기 시작하였고 당대의 대표적 문인들에게 위대한 문학가를 추모하는 성소 또는 순례지로 인식되어 갔다.

스트랫포드가 대중에게까지 중요 유적지로 주목 받게 되는 결정적 계기는 셰익스피어 생가의 경매로 촉발되었다. 1847년 9월 셰익스피어 생가가 경매 물건으로 나오게 되었는데, 미국인 사업가 피니즈 바넘(Phineas T. Barnum)은 생가를 구입해 분해한 후 뉴욕으로 가져가 다시 재조립하겠다는 의도를 드러냈다. 외국인이나 개인 투기꾼의 손에 천박한 관광지로 전락할 것이라는 우려가 팽배해짐에 따라 대중들에게 셰익스피어 생가는 '신성한' 곳으로 정의되기 시작하였다. 이에 민간 주도의 여러 위원회가 조직되고 찰스 디킨즈 (Charles Dickens)를 비롯한 유명인사들이 기금 마련에 동참함으로써 스트랫포드는 영국 대중의 관심지로 급부상하였다. 때맞춰 셰익스피어 생가 재단(Shakespeare Birthplace Trust)이 결성되어 생가를 구입하였고 아내의 생가(Anne Hathaway's Cottage & Gardens), 성년 시절의 가옥 터(New Place), 조부모 농가(Mary Arden's Farm), 딸의 가옥(Hall's Croft), 손녀사위의 가옥(Nash's House) 등 각종 셰익스피어 관련 유적지를 오늘날까지 유지·관리해 오고 있다.

많은 시인과 연극 관계자들은 셰익스피어에게 경의를 표한다는 의미로 자신의 이름이나 글 등을 셰익스피어 생가 곳곳에 새겨 놓았다. 창문에는 월터 스콧(Walter Scott), 토머스 칼라일

셰익스피어 퍼레이드
(출처: www.visitstratforduponavon.co.uk)

셰익스피어 생가
(출처: www.visitstratforduponavon.co.uk)

(Thomas Carlyle)과 존 툴(John Toole), 대들보에는 헬렌 파시트 (Helen Faucit)와 로버트 브라우닝 (Robert Browning), 천장에는 윌리엄 새커리(William Thackeray), 벽난로 한쪽에는 조지 바이런 (George Gordon Byron) 등의 흔적을 발견할 수 있다. 스트랫포드가 관광객들에게 주는 또 다른 즐거움은 여러 나라의 투자 또는 기부로 설립된 각종 시설물에서도 발견된다. 우선 미국인의 기여가 눈에 띄는데, 1879년 메모리얼 극장(Memorial Theatre) 건립 기부를 필두로, 1887년 추모 분수(American Fountain)와 시계탑(Shakespeare Clock Tower)이 건립되었고, 셰익스피어 시신이 안치된 홀리 트리니티 교회(Holy Trinity Church)에는 이른바 미국의 창(window)이 설치되었으며, 스완 극장(Swan Theatre)을 건립할 때에도 미국인의 기부는 이어졌다. 그 외에도 워터사이드 (Waterside)를 따라 줄지어선 가로등들 또한 요르단, 이스라엘, 포르투갈, 헝가리 등 다른 나라 사람들의 기부로 세워졌다. 이제는 영국의 문화유산으로 인식되는 각국의 기여로 세워진 이와 같은 기념물은 해외 방문객의 유입 요인으로 작용하고 있다.

스트랫포드는 자연경관을 포함하는 자연유산이 비교적 잘 보존되어 있다는 데에도 그 성공 비결이 있다. 일반적으로 관광객들은 차량에서 하차 시 주차장에서 아름다운 에이본 강(River Avon)을 통해 스트랫포드를 처음 마주하게 된다. 강 동쪽 강둑에는 대형 공원이 있어서 백조에게 먹이를 주거나 보트를 타면서 한가로운 낭만적인 시간을 보낼 수 있다. 스트랫포드는 관광지화되었지만 주변 마을은 영국의 진정한 시골을 체험할 수 있도록 양호하게 보존되어 있다는 점 또한 매력적이다. 웰포드 (Welford-on-Avon), 웨스톤(Weston-on-Avon), 비드포드(Bidford-on-Avon) 등의 시골마을이 스트랫포드 주변을 감싸고 있으며, 세 마을과 스트랫포드 주차장을 연결하는 13km 길이의 걷기 코스가 준비되어 있다. 더 나아가 셰익스피어가 고향 스트랫포드를 떠나 연극배우로, 극작가로, 시인으로 활동하게 될 런던으로 이어지는 길(비록 실제로 셰익스피어가 걸었다는 증거는 거의 없지만)을 찾아내고 걸으려는 시도 또한 곳곳에서 발견되고 있다.[55]

2) 강원도 봉평 이효석문화제

강원도 평창군 봉평면은 인구 5천여 명의 고랭지 농촌 지역으로 수려한 자연경관이 병풍처럼 둘러싸고 있다. 환경(자연유산)은 상당한 가치를 지니지만 문화유산은 평창군 전체를 기준으로 해

55) 문학관광 부분은 필자인 이영준선생의 허락 하에 2016년 글로벌문화콘텐츠 23호에 실려 있는 「문학과 관광의 만남-영국의 스트랫포드 온 에이븐과 한국의 봉평」에서 일부 발췌하였다.

도 오대산 지역을 제외하면 상대적으로 빈약한 편이며, 봉평면의 경우 지정문화재는 한 곳도 없다. 그럼에도 불구하고 봉평이 문학관광지로 각광 받는 이유는 무엇보다도 한국 근대문학의 선구자인 이효석(1907-1942)의 출생과 그의 대표작 <메밀꽃 필 무렵>이 작품 배경으로 자리한다. 봉평이 한국을 대표하는 문학관광지로 성장하는 데에는 1972년 이른바 봉석회('봉평의 이효석 선양회'; 현재 가산문학선양회로 개칭)의 기여가 가장 주요했다. 이효석의 문학 업적을 기리고 후학 양성을 위하여 선양사업을 시작한 이래, 봉평만의 문학 향기를 널리 홍보하고 알림으로써 많은 사람이 봉평을 찾을 수 있는 대안을 모색하였고, 그 결과로 1999년 효석문화제를 개최하였고 이로써 봉평의 대외적 위상은 높아지게 되었다.[56)]

봉평에 관한 연구 대부분이 축제의 한 형식으로서 효석문화제에 집중되어 있다는 점은 효석문화제가 봉평의 '신화'를 만들어 가는 디딤돌임을 반증한다. 효석문화제는 문학, 자연, 전통을 주제로 처음부터 이효석의 문학적 요소와 봉평의 자연환경적 요소를 결합한 축제를 기획함으로써 타 지역의 축제와는 차별성을 갖는다. 매년 9월 초에 10일간의 일정으로 진행되고 있는데, 개최 시기는 '메밀꽃 필 무렵'을, 다시 말해 이효석 소설을 근간으로 한다. 2018년 열린 효석문화제의 프로그램은 백일장, 시화전, 문학의 밤과 같은 문학 프로그램, 메밀꽃밭 들러보기, 봉숭아 물들이

56) 2017년 이효석문화제 영상, https://www.youtube.com/watch?v=maSN3SacjWQ

기 체험과 같은 자연체험 프로그램, 전통 메밀 음식 만들기, 민속놀이 체험, 마당극, 오케스트라 공연, 버스킹 공연 등 풍성한 볼거리와 놀거리로 이루어져 있다. 이와 같이 수려한 자연경관을 배경으로 문학을 축제에 접목하려는 시도가 효석문화제의 성공에 결정적인 역할을 했음은 부인할 수 없다.

효석문화제는 첫 해(1999년) 37,000여 명의 방문객을 시작으로 2005년에는 57만 명으로 늘어나는 성공을 거두었다. 아울러 생산유발효과는 329억 원, 소득유발효과는 86억 원, 고용유발효과는 1,004명에 이르게 하였다. 지역경제에 미치는 영향은 꾸준히 늘어 2017년 평창 효석문화제의 직접 경제효과 중에서 외래 방문객에 의해 발생한 경제효과는 약 211억에 달하는 것으로 분석되었고 평창군 방문객에 의해서는 약 3억의 직접적인 경제효과가 발생한 것으로 추정되었다. 즉, 방문객 소비 지출에 따른 평창군 관련 산업에 미친 직접적 총 경제효과는 약 214억으로 산출되었다.[57]

문학관광지로서 봉평의 신화는 효석문화마을의 조성에서도 기인한다. 이효석의 생가터가 위치한 남안동에 조성된 효석문화마을은 1990년 6월 13일 당시 문화부에 의해 전국 최초의 시범문화마을로 지정되었고, 이곳을 중심으로 이효석과 <메밀꽃 필 무렵>의 배경이 되는 이효석 생가, 푸른집, 물레방앗간, 충주집, 섶

57) 월간 Festival, 「커버스토리 2018 평창 효석문화제」, 2018년 12월호, http://gnpgroup.cafe24.com/product/cover-story-2018-%ED%8F%89%EC%B0%BD-%ED%9A%A8%EC%84%9D%EB%AC%B8%ED%99%94%EC%A0%9C/482/#none, 검색일자: 2018년 12월 30일.

다리, 돌다리 등이 복원되었으며 이효석 문학관과 10만여 평 규모의 메밀밭이 조성되었다.

작가의 문학관은 문학관광지로 도약하기 위한 필요조건이라 할 수 있다. 문학관 설립은 작가와 작품의 문학 정신을 계승하고 문학을 활성화시키고자 하는 목적과 더불어 문화상품으로서의 가능성에서 비롯된다. 즉, 문학관은 지역의 정체성을 대표하며 다양한 문화 활동을 포용하고 주민의 삶의 질 향상이라는 문화적 측면과 지역 경제를 활성화하는 경제적 측면에서 설립 의의가 있다. 봉평의 '핵심 문화시설'로서 이효석 문학관은 봉평의 신화를 구축하는 한 축으로 기능한다. 이효석 문학관은 1982년에 유족에 의해 건립이 추진되었지만 한 차례 중단되는 사태를 맞은 후, 이효석 묘의 이장 문제를 계기로 1998년에 재추진되어 착공 3년 만인 2002년 7월에 마침내 개관하였다. 작가의 전기적 사실과 관련된 사진 자료 및 육필 원고가 구비되어 있는 점 외에, 이효석의 문학세계에 대한 이해를 높일 수 있는 특강, 심포지엄, 창작 강의 및 실기 지도의 문예창작 프로그램, 번역 작업, 논문집 발간, 이효석 문학상 제정, 복합문화공간과 연구지원공간 등을 시행 또는 계획함으로써 보조교육기관으로의 역할을 꾀하고 있다.

봉평이 문학관광지로 자리 잡을 수 있게 된 근본 요인은 '산허리는 온통 메밀밭이어서 피기 시작한 꽃이 소금을 뿌린 듯이 흐뭇한 달빛에 숨이 막힐 지경이다'라는 소설 속 메밀꽃 밭의 시각 이미지가 가장 주요했다고 볼 수 있다. 어떤 의미에서는 효석문화제보다는 '봉평 메밀꽃 축제'로 일반에 더 알려져 있는 현실이 이

메밀꽃밭(출처: www.hyoseok.com)

이효석문학관 내부(출처: www.hyoseok.com)

를 반증한다. 이런 시각 이미지를 확장하고자 평창군은 '메밀꽃 마을 이미지 만들기'라는 장기계획 속에서 메밀재배지를 확대하고자 노력하였고, 그 결과물로 민관합동으로 현재와 같은 규모의 메밀밭을 조성하였다. 문학을 자원화하려는 봉평의 시도는 어떤 의미에서는 다소 '문학' 본질과 동떨어진 것으로 여겨질 수 있는 메밀꽃 속에서 '신화' 창조의 단초를 마련하였던 것이다.

관광지에 대해 사람들이 갖고 있는 이미지, 믿음, 인식은 직접적인 자원 이상으로 관광지의 성장에 영향을 미칠 수 있다. 특별한 관광자원도 없고 주목할 만한 역사를 지니지도 않은 시골마을로서 봉평은 지역 고유인물을 브랜드화하여 다른 지역과는 차별화되는 문학관광지의 이미지를 구축하는 데 어느 정도 성공하였다. 상상력의 보고로서 문학은 글 자체에만 발현되지 않고 한 지역의 문화 풍토마저 바꾸어 놓는 힘을 발휘하였다. 봉평은 이런 점에서 상상력의 발현지이며 한국을 대표하는 문학관광지로 발돋움할 수 있었다.

10. 컨벤션 산업

1) 미국 네바다주 라스베가스

컨벤션 산업은 숙박업, 컨벤션 관련 시설업, 컨벤션 기획업 및 운영서비스업, 교통서비스업, 여행업, 식음료서비스업, 각종 기기 임대업 등의 다양한 산업이 서로 연관되어있는 막대한 경제적 파급효과를 미치는 큰 규모의 종합산업으로 규정한다.[58] 그만큼 고부가가치의 신성장 동력 산업이고 많은 분야가 유기적으로 협력해야 하는 융복합 산업이다.

서울시는 서울관광재단 산하 서울컨벤션사무국을 별도로 두고 컨벤션 산업의 최적지로서 서울을 알리기 위해 해외 마케팅과 홍보 활동에 심혈을 기울이고 있다. 국제이벤트에 대해 유치, 개

58) 박자연, 김성섭, 「지역산업연관표를 활용한 컨벤션산업의 경제효과 분석」, 『관광레저연구』, 제24권 제2호, 2012, p.179.

최, 홍보지원서비스를 제공하고, 컨벤션 전문가를 양성하기 위한 특별한 프로그램을 개발하고 교육 및 지원을 확대하면서 컨벤션 산업의 활성화를 도모하고 있는 것이다. 이러한 맥락에서 미국 네바다주 라스베가스는 컨벤션산업의 모범사례라 할 수 있다.

이미 세계적으로 유명한 카지노산업이 이 도시의 주요 관광소득원으로 자리 잡았으나 최근 컨벤션 산업은 해마다 두 자리 이상의 성장률을 보이면서 매년 22,000여 개가 넘는 컨벤션을 소화하고 세계 최고의 관광 컨벤션 도시로 우뚝 서 있다. 2017년 한 해 동안만 컨벤션 참석자의 숫자는 6백60만여 명에 달한다. 도시가 세계적인 박람회와 학술회의로 채워지면서 컨벤션을 넘어 사막 한가운데 척박한 땅에 불과했던 라스베가스는 서부의 관문이자 제2의 도시인 로스앤젤레스와 맞먹는 지식과 정보의 유통 중심지가 되었다. 그 결과, 관련 일자리는 65,000여 개, 약 93억 달러(약 10조 3,500억 원)의 경제효과를 창출한다. 컨벤션 참가자들은 라스베가스에 배우자 등 가족을 동반할 확률이 높으며 이는 체류기간의 연장을 통해 더 많은 관광수입이 발생한다는 것을 의미한다.

트레이드쇼라고 불리는 '무역견본시장'으로서도 라스베가스의 인기는 타의 추종을 불허할 정도이다. 2017년 47회의 트레이드쇼를 유치하였고 이 수치는 시카고와 올란도를 합친 횟수보다 많다. 더욱 놀라운 것은 라스베가스는 최근 24년 동안 한번도 1위를 내준 적이 없다는 점이다. 라이벌 도시들의 도전이 거센 가운데 라스베가스 컨벤션센터는 2018년부터 14억 달러의 비용을 들여 약 37,161㎡ 넓이의 전시홀을 신축한다고 발표했다. 새롭게 들어설 건물에는 회의실, 푸드코트, 라스베가스의 경관을 즐길 수 있는 포토존, 모임용도로 활용할 수 있는 루프탑 등이 설치될 예정이다. 이 밖에도 아리아(Aria), 시저스팰리스(Caesar's Palace), 윈(Wynn) 등 지역에 있는 유명 호텔들도 컨퍼런스 센터나 엑스포장 및 포럼장 개장 계획을 밝히면서 세계 1위의 컨벤션 산업도시라는 이름을 수성하기 위해 애쓰고 있다.[59]

라스베가스 전자제품박람회
(출처: www.destination360.com)

2) 싱가포르

2018년 북미정상회담이라는 메가이벤트를 유치한 싱가포르는 적어도 1983년 이후 세계 10위권 내에서 벗어나지 않고 있는 컨벤션 산업 강국이다. 이 분야에서 싱가포르의 성공은 1963년 영국으로부터 독립한 후 이룬 급속한 인프라의 현대화, 안정적 경제, 최고 수준의 치안, 영어공용화에 따른 언어 장벽 해소 등에 기인한다. 작은 도시국가로서 한때 존립을 걱정해야 했던 싱가포르는 이제 아시아에서 번영을 구가하며 경제적으로도 강소국이

59) Veolotta, R.N., "Southern Nevada meetings, conventions industry on a roll," *Las Vegas Review Journal*, 2014, https://www.reviewjournal.com/business/business-columns/inside-gaming/southern-nevada-meetings-conventions-industry-on-a-roll/검색일자: 2018년 12월 20일.

되었다.[60)]

1990년대 들어 말레이시아, 태국, 홍콩, 호주 등 아시아태평양 국가들은 대대적으로 대중교통망과 숙박시설을 개선하고 국제행사 유치에 나섰으나 국제회의 및 컨벤션 협회(International Congress and Convention Association, ICCA)는 여전히 싱가포르를 세계 10위 안에 드는 컨벤션 최우선 도시로 올려놓은 바 있다. 이와 같은 지지에 힘입어 싱가포르는 2010년 한 해 동안 대규모 국제회의를 130회 이상 유치하였다.

싱가포르 선텍 국제회의장
(출처: www.streetdirectory.com)

싱가포르는 고급 호텔, 싱가포르 엑스포의 대규모 회의장, 다문화국가다운 다양한 음식, 수많은 쇼핑몰, 화려한 밤 경관 등이 있고 도시국가라 비교적 단시간 내 주요 관광지를 다닐 수 있다는 장점이 있다. 싱가포르 무역산업부와 관광국은 컨벤션 산업의 진흥을 위해 긴밀한 협력체계를 구축하고 있다. 공항에서 가까운 대규모 복합문화공간인 선텍 시티(Suntec City)와 쌍용건설이 건설한 종합 리조트 마리나 베이 샌즈(Marina Bay Sands)가 개장하면서 컨벤션 산업은 제2의 도약을 맞이했다. 특히 마리나 베이 샌즈는 아시아에서 가장 큰 규모로 1만 1,000명

60) Lew, A.A., "Where the World Meets: Regionalism and Globalization in Saingapore's Convention Industry," *Journal of Convention and Exhibition Management*, Vol.1 No.4, 1999, pp.17.

을 수용할 수 있고 한꺼번에 6,600명이 식사할 수 있다. 지하 1층 지상 4층 규모의 건물에서는 동시에 250개의 국제행사를 개최할 수 있게 되었다.[61]

61) Park, Ri Sil, "Meeting, Incentive, Convention, Exhibition Tourism (MICE) Development in Japan: Case studies from Kushu scoping in Fukuoka, Kumamoto and Beppu City," Ritsumeikan Asia Pacific University, Master's thesis, 2016, p.66.

11. 커뮤니티 키친(community kitchen)

커뮤니티 키친이란 정기적으로 일단의 사람들이 모여 식사를 준비하고 요리하면서 건강정보나 지역사회와 관련한 문제를 논의하는 모임이다. 집단 키친(collective kitchen)이라고도 하는데, 커뮤니티 키친이라는 용어에서 알 수 있듯이 부엌이 있는 곳, 예를 들면, 교회, 학교, 같은 동네의 이웃, 마을회관, 회사 등 장소와 상관없이 모임을 진행할 수 있다. 참가자들은 각자 집에서 음식을 가져와 공유하거나 주방에서 요리를 통해 혼자 집에서 식사하는 것보다는 낮은 비용으로 식사를 하고 있다. 주로 6-8명 정도의 회원들과 그룹의 리더로 구성되며 주 1회 또는 격주로 열리고, 리더는 그룹에 따라 자원활동가나 일정한 임금을 받는 전문가가 된다. 요리에 앞서 얼마의 금액을 사용해서 무엇을 만들 것인지 함께 계획을 세운다. 또한 음식이 정해지면 함께 식재료를

쇼핑하거나 함께 요리한다. 이 과정에서 바쁜 회원들은 합류하기 어려울 수 있으나 마지막 단계인 함께 먹는 시간은 절대로 거르지 않는 것을 원칙으로 한다. 가까운 지역사회 구성원이나 지인들이 주로 함께 하는 방식이기 때문에 사실상 철저한 규칙은 존재하지 않는다. 그러나 모임의 연속성을 유지하고 회원들이 안전한 음식을 먹을 수 있도록 다음과 같은 필수 사항을 적극적으로 권장하고 있다.

- 정기적인 모임을 연다. (식재료를 신선하게 관리하는 이점이 있다.)
- 참여자들 모두 계획에서부터 요리의 준비 및 조리 과정에 적극적으로 참여한다.
- 준비한 음식은 참여그룹이나 참여자 가족구성원들 안에서 소비해야 한다. 판매하거나 모임과 관련 없는 타인과는 나누지 않는다.

음식을 매개로 공동체의 감성과 결속을 제고하고 커뮤니티의 보건을 함양하기 위한 커뮤니티 키친은 2004년 호주 빅토리아주 페닌술라(Peninsula) 보건당국이 도입한 모델이다. 초기에는 프랭크스턴(Frankston) 지역을 비롯한 주내 6개 도시에 도입되었다. 차츰 큰 반향을 불러와 2018년 호주의 커뮤니티 키친은 100개를 상회한다.[62] 2013년 시행된 '호주 커뮤니티 키친 설문조사'에 따

62) 호주 커뮤니티 키친 홈페이지, http://communitykitchens.org.au/, 검색일자: 2019년 1월 1일.

공동 조리 모습(출처: www.thecommunitykitchen.org)

르면 60%의 커뮤니티 키친은 저소득층 지역에 있고 50%는 지역사회의 공공건물에서 모임을 갖는다. 무려 92.6%의 참가자들은 사회적 관계가 강화되었다고 응답했으며 74.1%가 건강 관련 지식이나 요리 실력이 늘었다고 응답하였다. 실제로 커뮤니티 키친의 목적에는 요리에 대한 자신감 고양, 사회적 환경 적응, 새로운 친구 만들기, 좋은 식자재 고르는 방법 익히기 등이 포함되어 있어서 이와 같은 조사내용을 뒷받침한다. 이와 같은 결과를 볼 때 커뮤니티 키친은 엄청난 예산이 들거나 지역사회를 대상으로 지난한 설득 과정이 필요하지 않은 LQC 모델로서 저비용으로 장기적인 효과를 기대할 수 있는 효율적인 지역사회개발 방안이라 할 수 있다.

커뮤니티 키친 운동이 활발한 캐나다의 경우 전역에 커뮤니티 키친 프로그램을 운영하는 한편 푸드뱅크나 자선단체와의 연계를 통해 저소득층의 식단을 관리한다. 누구나 다운로드 받을 수 있는 핸드북[63]도 제작되어 있는데 커뮤니티 키친의 목적, 좋은 리더 구하는 법, 식재료 구매하는 법, 레시피 소개 등은 물론 커뮤니티 키친을 조직할 때 필요한 점과 주의할 점을 단계별로 상세히 설명한다. 캐나다는 건강하지 못한 식습관으로 인해 매년 평균 63억 달러가 넘는 돈이 공공보건비용으로 쓰이고 이로 인한 사망자도 매년 72,000명이 넘는 것으로 조사되었다. 캐나다는 해마다 평균 5%씩 식료품값이 오르는 것으로 나타나 식탁 위에 오르는 음식의 질은 점점 더 떨어지고 있다.[64] 특히 저소득층의 식습관과 관련한 질병은 다른 계층보다 훨씬 높은 편이다. 이에 대한 해결책으로 1982년 몬트리올에서 몇몇 동네 주민들이 식료품 비용을 아끼고자 시간, 비용, 요리기법 등 공유할 수 있는 것들을 계획하여 활용하면서 처음으로 집단 키친이 생기게 되었다. 회원들은 이런 방식으로 식재료 비용을 상당히 절약할 수 있었고 입소문을 타고 지역 내 여러 개의 키친이 늘어나게 되었다.

캐나다의 커뮤니티 키친은 요리 그 자체보다는 교육에 초점을 맞춘다. 건강한 음식을 만들고 재료를 준비하고, 커뮤니티 이슈들을 다루면서 요리를 한다. 집단 키친 참여자들이 스스로 식재료를 마련해야 하는 것과 달리 이곳에서는 식재료가 제공되는 경

---

63) The Food Security Network of Newfoundland and Labrador, "Community Kitchen Best Practices Toolkit: A Guide for Community Organizations in Newfoundland and Labrador," 2011.
64) Doutre, G., "How Community Kitchens Help Canadian Families," Huffpost, 2013년 8월 9일자.https://www.huffingtonpost.ca/gerry-doutre/community-kitchens-canada_b_3405098.html, 검색일자: 2019년 1월 1일.

우가 많다. 참여자들은 전원이 일손을 나누어 요리를 하고 요리가 끝나면 함께 식탁에 앉아 음식을 먹는다. 최근에는 전문화하면서 신장환자들을 위한 커뮤니티 키친, 당뇨환자 커뮤니티 키친 등 특정 질환의 환자들이나 노약자들을 위한 공동 키친으로 확장하고 있다. 이들 커뮤니티들은 자신들만의 레시피를 개발하고 의학 정보를 공유하면서 '음식을 통한 건강한 삶을 영위'라는 목표를 추구한다.

어려운 점으로는 커뮤니티 키친을 기존의 요리수업 정도로 알고 있는 사람이 여전히 다수이고 소규모 시설로 인해 신입회원을 받을 수 없으며 식습관 개선에 어려움을 겪는 것, 꾸준히 참석하는 것, 좋은 리더를 영입하는 것, 지역사회의 후원을 이끌어 내는 것 등이 거론된다.

12. 경관식물

자연과 생태의 치유 기능을 활용한 식물 경관 조성이 늘고 있다. 식물이 인간에게 주는 혜택은 1차 영양공급원이라는 점을 제외하고도 아름다운 식물은 정서를 함양하고 약성이 있는 식물은 생명체의 건강을 지켜주기도 하며, 야생동물의 은신처를 제공하고, 공기정화, 대기의 습도조절, 방풍, 그리고 녹지를 제공하여 열섬현상을 완화하는 등 무수히 많다. 즉, 경관식물은 우리의 환경을 개선하기 위한 목적으로 식재되는 식물이다. 더불어 기능적, 건축학적, 공학적으로 활용되기도 한다. 환경보존을 논의할 때 반드시 제기되는 것이 숲을 보존하거나 수자원 보호와 같은 문제이다.

최근 마을 경쟁력을 강화하기 위한 방안 중 경관식물의 식재를 통해 관광수입을 올리고 농민들의 소득을 증대하기 위한 사업이 늘고 있다. 예를 들면, 농촌진흥청이 1998년부터 시험 재배하여 2013년 강원도 지역에 식재한 경관식물 아마란스를 들 수 있다. 남미의 정열과 이글거리는 태양을 닮은 아마란스는 안데스 고산지대에서 자라는 식물이다. 농진층은 2013년 비슷한 기후와 토질을 가진 평창 고랭지에서 대규모 재배하는 데 처음으로 성공하였다. 아마란스는 단백질을 비롯하여 칼슘과 철분 등이 쌀이나 밀에 비해 다량 함유하고 있고 식물성 스쿠알렌 등 기능성 영양소가 풍부하여 신이 내린 곡물이라 불리는 슈퍼곡물이다. 아마란스는 잎과 이삭의 색깔이 다양하여 경관작물로도 그 가치를 인정받고 있다. 건강 곡물로서 제과, 제빵 및 비누 등 가공적성도 도 높아 농업 분야 6차 산업에도 매우 적합한 작물이다.

2017년 아마란스 체험농장의 방문자를 대상으로 실시한 설문조사를 보면, 전반적으로 그리 높지 않은 아마란스 인지도에도 불구하고 최근 언론 매체의 영향으로 전년대비 인지도가 향상되었고 아마란스의 경관성을 높게 평가하는 것으로 나타났다. 농장에서의 활동 유형은 견학과 식사 체험을 결합한 것이 많다. 방문자가 원하는 체험의 종류도 제과, 제빵, 공예 등 다양하게 나타났다. 동서양 허브, 자생식물을 혼합 식재하여 다양한 경관을 조성한다면 농가소득도 더 늘어나게 될 것이다.[65)]

---

65) 유동림 외, 「고행지 아마란스를 이용한 경관체험농장 조성을 위한 모델 설정」, 『한국자원식물학회 학술심포지엄』, 2017, p.257.

• 캐나다 온타리오 라벤더축제

라벤더는 다년생풀로서 라벤더속에 속하는 25여 종의 식물이 있으며 높이는 30-60cm이고 잘 가꾸면 90cm까지 자란다. 6월에서 9월 사이에 연한 보라색이나 흰색의 꽃이 핀다. 연중 온화한 지중해 연안이 원산지이나 종이 다양해 추운 지역에 알맞은 라벤더종도 있으며 비옥하지 않은 땅에서도 잘 자란다. 관상용뿐만 아니라 향수, 아로마오일, 화장품, 차나 향신료 등의 식재료로 널리 사용되며 신경안정, 두통이나 불면증 치료용으로도 쓰인다. 과거에는 살균, 방충용으로도 자주 쓰였다. 보라색 계열의 대명사로 보통의 보라색은 라벤더색이라 통용되기도 한다. 남프랑스의 프로방스지역이나 일본 홋카이도 후라노 비에이의 라벤더 꽃밭이 많이 알려져 있으나 이번 절에서는 상대적으로 덜 알려진 캐나다 온타리오의 라벤더축제를 소개하려고 한다.[66]

온타리오의 나이아가라 폭포를 방문하는 관광객들은 장엄한 폭포의 풍광 외에 또 하나의 즐거움을 만끽할 수 있다. 매년 라벤더가 만개하는 7월 초순경이면 라벤더를 주제로 축제가 열리기 때문이다. 축제가 열리는 시기는 거의 일정한데 주최 측이 라벤더오일의 채취 기간에 날짜를 맞추며, 꽃밭 주변에는 기념품가게와 수공예품점들이 들어서는 오픈마켓이 한시적으로 운영된다. 먹거리장터에는 라벤더 아이스크림, 라벤더 피자, 라벤더 음료, 라벤더잼을 넣은 토스트, 라벤더소스를 곁들이는 스테이크 등

66) 라벤더축제 소개영상, https://www.youtube.com/watch?v= irIuLnndeDs

라벤더꽃밭(출처: niagarathisweek.com)

라벤더 체험 학습(출처: niagarathisweek.com)

라벤더를 주제로 하는 다양한 레시피가 선보인다. 먹거리와 아울러 라이브밴드의 공연도 볼거리의 하이라이트이다.

주최 측은 '식물자선프로그램'(Plant Charity Program)이라는 이름으로 라벤더 제품 판매 대금 중 일부를 자선단체에 기부하고 있다. 또한 라벤더오일 생산현장을 방문하거나 직접 라벤더 요리경연대회에 참가하기도 하고 농장을 답사하는 등 관광객의 다양한 요구를 충족할 수 있는 체험형 프로그램을 마련하고 있다.

온타리오 시당국은 축제 홈페이지를 별도로 구축하여 숙박이나 교통정보를 제공한다. 지역의 상공회의소 역시 별도의 온라인 홍보에 적극적으로 나서며 티켓판매를 측면 지원하고 있다. 축제 기간 중 행사장에 상주하는 상인이나 관계자들은 거의 모두 라벤더색 옷을 입고 관광객을 맞이하는데 홍보에도 효과적일뿐만 아니라 보라색 라벤더꽃밭과 잘 조화되어 보는 사람에게 안정감과 통일감을 준다. 2018년 축제장 인근 주차장에서 화재가 일어나면서 30대가 넘는 자동차가 피해를 입은 사건이 있었으나 나이아가라폭포와 라벤더꽃밭의 아름다운 풍광을 잊지 못하는 관광객들의 발길이 끊임없이 이어지고 있다.

13. 미국 디트로이트 LQC 모델

1) 플라워하우스 프로젝트

한때 모터시티라는 별칭이 붙을 정도로 미국 자동차산업의 심장부로 전성기를 구가하던 미시간주 디트로이트시는 2000년대 이후 미국산 자동차의 판매부진으로 미국 내에서 가장 높은 실업률, 파산율, 범죄율로 신음하는 대표적인 침체도시가 되었다. 자동차산업의 경쟁력이 약화하면서 180만 명이 넘었던 인구는 2015년에는 절반도 채 되지 않는 677,000여 명으로 줄었다. 또한 일자리를 잃고 도시를 떠난 사람들이 늘면서 빈집이 넘쳐났고 이는 다시 도시 슬럼화로 이어졌다. 시민들 역시 디트로이트의 미래에 대한 불안감으로 희망을 잃고 있었다. 2017년 빈곤율과 범죄율은 다소 개선이 되었고 빈집문제를 비롯한 기타 도시문제 역시 조금씩 해소되고 있다. 그럼에도 불구하고 전통적인 공업도시라

플라워하우스공원
(출처: www.theflower.house)

플라워하우스 내부
(출처: www.theflower.house)

는 과거의 명성을 되찾기 위해서는 미국 내 어느 도시보다도 다양한 측면에서 재생프로그램의 도입이 시급한 상황이다.

전술한 바처럼 LQC 모델은 저비용으로 지역문화자원을 빠른 기간 내 개발하고 활용한다. 도시행정이 부도 위기에 직면할 정도로 경제침체를 겪던 디트로이트가 LQC에 관심을 갖게 된 것도 이와 같은 장점 때문이다. 플라워하우스 프로젝트는 민간에서 제안하여 성공한 LQC 사례 중 하나이다. 플라워하우스의 목표는 꽃을 매개로 예술 감성을 유도하고, 방문객들이 경이와 즐거움을 느낄 수 있는 전시를 하며, 동시에 플로리스트들이 혁신적인 작품에 참여할 수 있는 기회를 제공한다. 아울러 디트로이트 역사에 대한 존경을 표현하고 다양한 생명을 보호하는 기회 또한 제공한다.

이 프로젝트는 원래 리사 워드(Lisa Waud)라는 이름의 플라워 디자이너이자 현대 예술가가 2015년 빈집을 단돈 500달러(약 56만원)에 사들여 48시간 동안 꽃으로 장식한 후 집을 공개한 이벤트가 시초였다. 쇠락한 디트로이트에 빈집이 늘어나면서 동네가 흉물스럽게 변해가는 것을 안타까워한 인근 주민들이 단 3일 동안 3천 명이 넘게 플라워 하우스를 방문하였다. 전시가 끝나고 빈집은 철거되었으나 이 행사의 성공으로 2018년 이 일대는 공원으로 개축되었다. 뿐만 아니라 리사 워드가 제안했던 플라워하우스 프로젝트는 '디트로이트 플라워 위크'로 규모를 확장하여 진행하고 있다.

2) 챌린지 디트로이트 펠로우십

챌린지 디트로이트 펠로우십은 지역친화적인 인재를 양성하기 위해 2012년 민관이 협력하여 수립한 프로그램이다. 협력, 지역사회, 지식자본, 용기, 열정, 박애, 희생, 겸손 등의 가치를 내세우며 디트로이트의 다양성과 결속력을 함양하는 것을 목표로 한다. 현재 챌린지 디트로이트라는 이름의 NGO로 등록되어 있으며 디트로이트시와 관내 톱클래스의 회사, 비영리단체들이 연계하는 인재양성 프로젝트이다. 디트로이트지역을 포함해 미국 전역의 대졸자가 지원대상이다. 이 프로그램에 선정되면 그래픽 디자인, 사회복지, 언론, 도시계획, 경영, 비영리단체 등 디트로이트에서 일할 수 있는 어떤 분야든 선택하여 일할 수 있는 혜택이 주어진다. 업무수행 시 지원자의 전공이나 출신지역과 무관하게 철저히 본인이 지망하는 곳에서 1년간 일한다.

미 전국에서 선정된 30여 명의 지원자는 급여를 받고 일하면서 디트로이트 지역사회에 봉사하고 활발하게 새로운 인적네트워크를 구축하면서 이 도시가 일하기 좋은 도시라는 것을 체감할 수 있다. 이들은 1년간 도시에서 일어나는 흥미로운 활동을 소셜 미디어나 블로그를 통해 알리고 주민들과 소통한다. 디트로이트는 이 프로그램을 통해 자국뿐만 아니라 지구촌 모두가 긍정적인 균형 잡힌 시각으로 디트로이트를 재조명하기를 기대하고 있다. 2012년부터 2018년까지 4천명이 넘게 지원했고 90개 이상의 회사가 200여 개의 일자리를 창출했다. 이 프로그램의 참가자들이 세운 벤처기업이 14개이며, 55개 이상의 비영리단체들이 프로그램 참가자의 컨설팅을 통해 도움을 받았다. 관련 SNS만 8만 건이 넘고 1천백 만 달러가 넘는 경제효과를 낸 것으로 조사되었다.

14. 공연

1) 프랑스 퓌뒤푸(Puy du Fou)의 시네세니(Cinescenie)

과거 프랑스는 중앙집권형 국가로서 수도에서 멀리 떨어진 지방은 정치적으로 또는 경제적으로 차별받거나 낙후지역으로 전락하였다. 이로 인해 지방 도시들은 고유의 문화와 역사를 내세워 지역 중심의 "지역주의'로 전환하려는 노력이 이어졌고 이러한 과정에서 송에 뤼미에르와 같이 빛을 이용한 행사가 19세기 말부터 시도되었다. 또한 지역의 고유한 역사와 전통을 소재로 한 공연이나 축제도 지역의 결속력과 정체성을 보존하는 좋은 기제였다.

퓌뒤푸는 프랑스 파리에서 서쪽으로 350km 떨어진 방데(Vendée)지방 중심 지역 레제페스(Les epesse)에 위치한 역사테마공원이다. 방데지방은 프랑스대혁명 당시 왕당파를 지지하는 폭

동사건의 진원지로서 민간인을 포함해 수십만 명의 주민들이 몰살을 당하는 아픔을 겪었다. 혁명이 끝나고도 이러한 정치적 정체성으로 인해 공화파가 장악한 프랑스 정부로부터 지속적으로 냉대 받았던 소외지역이었다. 1977년 필립 드 빌리에르(Philippe de Villiers)가 14세기부터 2차 세계대전까지의 지역의 역사를 소재로 한 극본을 썼고, 1978년 600명의 출연자가 공연하는 역사극 '시네세니'로 탄생하였다. 역사, 이야기, 전설, 주민들의 일상의 삶과 같은 지역의 무형문화유산이 공연의 주제가 되었던 것이다.

시네세니는 구전으로 내려오는 지역의 전통문화유산과 음향, 조명, 영상 등 첨단 컴퓨터 미디어 기술이 융합된 실험적인 공연 제작 방식을 도입하였다. 호숫가 주변 야외무대에서 야간시간대에만 열리는 독특한 형태의 야외 서사극으로 많은 호응을 받고 있다. 그러나 처음부터 공연이 성공적이었던 것은 아니었다. 하지만 지속적으로 공연의 화려함을 더하기 위한 기술을 접목하고 인적자원의 양성에 힘쓰면서 이제는 연평균 방문객 150만 명 이상이 찾는 세계적인 공연콘텐츠로 자리 잡았고, 메인이라고 할 수 있는 시네세니 공연은 23h에 이르는 대지에 역사마을, 자연생태공원, 휴양 및 야외 공연장 시설 등 다양한 콘텐츠를 갖춘 테마파크에서도 단연 돋보이는 킬러콘텐츠라 할 수 있다.[67]

1,200명이 넘는 연기자의 출연, 800회가 넘는 불꽃놀이, 수백 마리의 말의 행진 등은 퓌뒤푸에서 시연되는 26개의 공연 중 백

67) 시네세니 공연, https://www.youtube.com/watch?v=wK4m_V60PJk

시네세니(출처: www.puydufou.com)

그랜드파크 공연(출처: www.puydufou.com)

미를 연출한다. 테마공원은 16,000석 규모의 전용 야외 상설공연장과 그랜드파크라고 불리는 복합레저공간으로 구분된다. 고풍스러운 느낌을 주는 공연장은 퓌뒤푸 성을 복원하여 조성하였고, 공원 내에는 민속촌과 유사한 역사마을, 예술공방, 자연생태관, 식물원, 조류박물관 등이 있으며 늦은 밤까지 이어지는 공연의 관람객들이 투숙할 수 있는 숙박시설이 부대시설로 구비되어 있다. 젊은이들에게 지역의 역사와 전통예술을 전승하는 주니어 아카데미가 개설되어 있어 전문 인력의 지속적인 조달이 가능하다. 또한 인근 주민들로 이루어진 자원봉사단이 운영되고 있는데, 이들은 단역으로 출연하는 등 공원의 운영 전반을 관리하는데 참여한다. 서사드라마 시네세니가 등장하기 전까지 작은 농촌마을에 지나지 않았던 이곳은 과거와 뿌리를 찾아가는 일로 시작하여 다양한 공연콘텐츠로 창작되는 결과를 도출해내며 프랑스 르네상스 시대의 황금기를 상징하는 문화적 자부심을 보여주는 대표 문화도시로의 명성을 쌓아가고 있다.

2) 중국 인상시리즈

'강철의 트라이앵글'(鐵三脚)이라는 창작자 브랜드로 불리는 장이머우(張藝謀), 왕조가(王潮歌), 번약(樊躍)이 공동 연출한 중국의 실경공연인 인상시리즈(印象系列)는 2004년 광서 계림의 <인상 유씨네 셋째 딸(印象劉三姐)>[68]을 시작으로 운남 여강의 <인상 여강(印象麗江)>, 절강 항주의 <인상 서호(印象西湖)>가 연이어 제작되었고, 최근 해남도의 <인상 해남도 (印象海南島)>, 무이산의 <인상 대홍포(印象大紅袍)>로 시리즈 작품을 늘려가는 등 2015년 한 해 동안만 해도 중국 전역에서 18개의 공연이 새롭게 제작되었다.[69]

관광과 공연을 결합한 공연형태 중 대표적인 장르로 자리 잡은 이 실경공연은 빼어난 경관을 배경으로 지역에서 발굴한 역사적인 스토리나 설화 등에 음악, 무대, 춤, 조명기술과 같은 뮤지컬적 요소를 가미하여 한편의 장관을 연출한다. 다시 말해, 인상시리즈는 연극, 무용, 오페라, 특수효과 등 모든 공연 양식을 모두 수용하면서 다른 장소에서는 재현 불가능한 독특함을 선사한다. 중국에서는 첫 번째 시리즈인 <인상 유씨네 셋째 딸>의 성공으로 장이머우 외 다른 저명한 영화감독들도 실경공연 제작에 나서고 있다.

이 작품의 배경이 된 계림 양수오 지역은 공연 전후로 지역 전

68) 2012년 공연 실황, https://www.youtube.com/watch?v=6SEsjlNM8VM

69) 이동배, 「지역문화원형을 활용한 공연콘텐츠개발 사례연구」, 『글로벌문화콘텐츠』, 제35호, 2018, p.105.

체 인구가 6만에서 35만 정도로 증가하고 공연 초반 연인원 100만 명 이상의 관광객을 유치하는 등 인상시리즈는 지역경제 부흥의 원동력이 되었다.[70]

'유씨네 셋째 딸' 공연무대 리강(離江)
(출처: www.visitchina.or.kr)

인상시리즈와 같은 실경공연은 우리나라를 포함한 해외에서도 많은 참조의 대상이 되고 있는데, 공연의 지속성과 브랜드화를 이루기 위해서는 몇 가지 전제조건이 필요하다. 첫째는 인적자원 확보이다. 인상시리즈의 경우 초기 지역주민들이 대거 참여하면서 기초적인 기반을 조성하는 데 기여하였고, 이는 지역의 공연 제작 역량의 강화라는 더 큰 결실을 맺었다. 다음은 전문 인력의 활용과 양성이 뒷받침되어야 한다는 점이다. 제작 총괄인 장이머우는 크게 세 가지 측면에서 놀라운 재능을 지니고 있었다. 첫째로 그는 예술가로서의 열정이 있고, 둘째로 스스로 창의적인 아이디어가 넘치는 크리에이터이지만 다른 사람의 아이디어를 구현하는 재능 또한 겸비하고 있으며, 셋째로 본업이라 할 수 있는 영화제작 이외에 자신의 콘텐츠를 관광산업과 연계하는 마케팅 능력도 지니고 있다. 이러한 그의 재능은 인상시리즈의 성공에 밑거름이 되었다. 이제 중국의 도시들은 장이머우를 앞다투어 초빙하여 노하우를 전수받거나 그의 프로그램 포맷을 따르고 있

70) 장혜원, 「지역실경공연의 산업화 방안」, 『한국엔터테인먼트산업학회논문지』, 제8권 제2호, 2014, p.370.

다.[71]

또한 2013년에는 말레이시아가 쿠알라룸푸르 인근 휴양도시인 말라카에 인상시리즈와 비견될 정도의 규모로 <인상 말라카>를 제작하기로 그와 계약을 체결하고, 말레이시아의 용타이 그룹이 '인상도시' 건설을 비롯한 관광문화단지 프로젝트를 담당하기로 결정한 바 있다. 마침내 2018년 이 도시에는 17에이커에 달하는 공연장이 개장하였고 7월부터 대형공연 '앙코르 말라카'를 관광객들에게 선보였다. 공연의 내용은 1,400년부터 현재까지 무려 6세기 동안의 말라카 역사이다. 공연장은 2,000여석 규모로, 총 4개의 무대에서 200여 명의 출연자가 공연을 펼친다. 관람석이 360도 회전하게끔 설계돼 있어 실감나게 공연을 감상할 수 있는 것도 특징이다. 기획과 연출은 중국 '인상시리즈'를 연출한 장이머우 감독이 설립한 공연예술 전문 회사 '임프레션 원더'(Impression Wonders)가 제작하였다. 이 작품은 중국 외 국가에서 제작한 최초의 인상시리즈 공연이 되었다.

71) Zhang, D., "Impressions of China: Zhang Yimou's outdoor theme productions," Queensland University of Technology, Master's thesis, 2007, p.26.

15. 인물자원

1) 일본 미즈키 시게루

사카이미나토는 일본 돗토리현에 위치하고 있는 항구도시로서 수산업의 거점지역이며 주변에는 온천으로 유명한 쿠라요시, 교통의 요충지 요나고와 연계한 관광코스가 개발되어 있다. 그러나 이 도시는 수산업 외에 별다른 산업이 발달하지 못하였고 따라서 문화 불모지라는 평판을 듣고 있던 도시였다. 1980년대 후반, 지역의 역점 산업인 수산업이 정어리의 풍어로 활력을 맞았지만 사카이미나토역 인근 상가는 경기침체로 신음하고 있었고, 이에 대한 개선방안으로 문화를 기반으로 한 지역문화자원개발에 나서게 되었다. 지금은 일본뿐만 아니라 전 세계에서 관광객이 찾는 유명 관광지가 되었으나 처음부터 대단위 개발이 진행된 것은 아니었다.

미즈키 시게루는 고향인 사카이미나토가 침체에서 벗어날 수 있도록 지역을 정비할 때 자신의 모든 작품과 작품 속 캐릭터를 사용하도록 허락하였고 이후 일본인이 사랑하는 수많은 요괴 만화 속 캐릭터들이 크고 작은 동상으로 재탄생하여 역전 길을 장식하게 되었다. 우선적으로 지역이 낳은 인물인 요괴연구가이자 만화가 시게루의 작품캐릭터의 동상을 역 앞에 세웠다. 시민들의 호응이 커지자, 크게 고무된 사카이미나토시는 이 도로를 미즈키시게루로드로 명명하여 동상뿐만 아니라 친근한 요괴 캐릭터를 활용한 가로등, 맨홀 뚜껑, 쓰레기통에 이르기까지 흥미로운 경관을 지속적으로 연출하였다. 시게루로드는 1993년 완성되어 2010년 전국적으로 시게루의 작품이 큰 인기를 끌면서 당 해에만 327만 명이 넘는 관광객이 사카이미나토를 찾았다. 이러한 성공은 영리한 스토리텔링도 큰 힘이 되었다. 1993년 길의 완공식이 끝나고 3일 후 동상 두 개를 도난당했고 이 사건을 뉴스에서 보도하면서 오히려 시게루로드를 전국적으로 홍보하는 결과가 되었다.

사카이미나토시는 단기간 반짝 뜨는 콘텐츠가 되지 않도록 프로그램을 개발하여 처음 23개의 동상으로 시작해서 1997년에는 80개, 2006년에는 120개, 2015년에는 153개의 동상을 거리 곳곳에 설치하였다. 고향을 위해 재능을 기부한 시게루에게 존경을 표하고 그의 팬들을 위해 시게루박물관도 건립하였다. 시정부는 설치장소나 캐릭터 선정을 비롯하여 관련 프로그램의 개발에는 시민과 지역단체와 긴밀히 협력하여 진행하였다. 동상의 유지,

보수, 청소 및 방범 역시 민관이 함께 담당하고 있다. 이 외에도 캐릭터 상품을 개발하고 인프라를 정비하고 각종 이벤트를 개최하여 지속적으로 시민들의 관심을 유도하고 있으며 지역 홍보를 위해 홈페이지와 미디어를 통해 여러 정보를 관광객들에게 제공하고 있다.[72]

시게루박물관 앞 만화캐릭터
(출처: www.tottori-tour.jp)

2) 폴란드 프레데릭 쇼팽

폴란드의 수도 바르샤바[73]는 피아노의 시인 쇼팽이 태어나 39년의 짧은 생애의 절반을 지낸 곳이다. 1810년 쇼팽은 바르샤바와 가까운 젤라조바 볼라에서 프랑스어 교사였던 아버지와 피아니스트 어머니 사이에서 태어났으며, 그 후 얼마 지나지 않아 가족은 바르샤바로 이사했다. 그는 6세에 피아노 연주를 배웠고 머지않아 특출한 재능을 인정받아 대중 앞에서 공연하기 시작하면서 차츰 상류사회가 주목하는 명사로 성장하였다. 당시 신문들은 8세가 되기도 전에 자신이 작곡한 피아노곡을 당당히 연주

72) 시게루 로드 소개필름, https://www.youtube.com/watch?v=ysXM_Lg7XEU
73) 바르샤바 쇼팽 거리 홍보필름, https://www.youtube.com/watch?v=s2_coVXj9bI&t=1500s

한 이 피아노 신동을 대대적으로 보도하였다. 이처럼 비교적 젊은 나이에 이미 성공가도를 달였던 쇼팽이었으나 친구들과 거리를 걷고, 때로는 데이트도 하고, 그리고 외국어 공부에 힘을 쏟던 당시 바르샤바의 평범한 청년의 모습도 지니고 있었다. 쇼팽의 주 활동무대였던 크라코프스키에 프쉐드미에시치에(Krakowskie Przedmiescie)나 미오도바(Miodowa) 거리는 아직도 쇼팽이 그의 지인들과 함께 한 시간의 흔적이 많이 남아 있다.

쇼팽은 20세 때 오스트리아 빈을 여행하다 때마침 모국에서 일어난 11월 무장봉기 때문에 고국으로 돌아갈 길이 막혀버렸다. 그는 파리로 향했고 피아노에 의지해 애국의 열정을 작곡에 기울이는 수밖에 없었다. 프랑스는 그의 아버지의 고향이기도 하고 폴란드에 호의를 보였다. 프랑스의 사교계는 얼마 지나지 않아 섬세하고 아름다운 쇼팽의 피아노 연주에 주목하기 시작해, 파리에서도 그는 피아노 명연주가로서 평판을 얻게 되었다.

바르샤바는 쇼팽의 청년시절을 보여주는 거대한 에코뮤지엄과도 같다. 와지엔키 공원(Łazienki Royal Park)에 들어서면 웅장한 쇼팽기념비가 관광객을 맞이한다. 이 동상은 1909년 쇼팽탄생 100주년을 기념해 세워졌는데 제2차 세계대전 중 나치의 폭격으로 파괴되었다가 훗날 복원되었다. 지금까지 50년 넘게 이 동상 아래 잔디공원에서는 쇼팽연주회가 열리고 있는데, 연주회가 열리는 5월 중순부터 9월 말까지 매주 토요일과 일요일 오후 12시부터 4시에는 담요와 방석, 간이 의자를 든 관람객들로 북적인다. 스타니스와프 아우구스트(Stanisław August) 왕의 여름 별장으로 쓰인 18세기에 건립한 이 왕립공원은 고풍스러운 궁전과 공원을 잇는 두 개의 아름다운 다리가 있고, 공원에서 기르는 화려한 날개를 뽐내는 공작새도 도도한 자태를 자랑하며 관광객을 맞이한다.

쇼팽의 생가
(출처: www.en.chopin.warsawtour.pl)

성십자가 교회
(출처: www.en.chopin.warsawtour.pl)

바르샤바에 있는 쇼팽박물관은 멀티미디어 박물관으로서 유럽의 음악가를 소재로 한 박물관중 가장 현대적인 콘텐츠를 전시하고 있으며 세계에서 가장 많은 쇼팽 관련 오브제를 보유하고 있다. 쇼팽이 타계하기 2년 전부터 사용했던 그랜드 피아노, 그가 유명가수 앤젤리카 카탈라니한테 선물로 받은 금시계 등 희귀품들이 전시되고 있다. 색슨 공원 등지에는 관광객들이 쇼팽의 가상이미지와 셀카를 찍고 SNS를 통해 소통할 수 있는 시설이 있어 인기를 끈다. 차프스키 궁(Czapski Palace)에 있는 쇼팽의 응접실은 증강현실 기법을 활용한 모바일 앱으로 생생한 모습을 즐길 수 있으며 거리에 비치된 벤치는 멀티미디어 벤치라 하여 쇼팽 탄생 150주년을 맞이한 2010년에 거리에 설치되었다. 의자 상판에 달려있는 버튼을 누르면 쇼팽의 음악이 흘러나온다. 이외에도 쇼팽의 심장이 묻혀있는 성십자가 성당(Holy Cross Church), 자모이스키 궁(Zamoyski Palace)은 쇼팽의 동생이 살았던 곳으로 건너편에는 그가 떠난 후 아끼던 피아노를 비롯해 여러 물건을 놓아두었던 아파트가 자리하고 있다. 러시아군이 본국이 파견한 고위관리가 암살되자 그 보복으로 피아노를 창밖으로 집어 던져버렸다는 일화가 전해온다.

16. 예술산업

1) 경상남도 통영

경상남도 통영은 아름다운 섬과 바다로 둘러싸인 환상적인 경관의 도시이다. 연평균 기온 차도 전국에서 가장 적으며 기후도 온화한 편이다. 이러한 천혜의 자연환경 때문인지 인구 13만3천여 명에 불과한 작은 도시임에도 불구하고 다방면에서 걸출한 문화예술인들을 배출한 명실공이 문화예술의 도시이다. 소설가 박경리를 비롯하여 시인 유치환과 김춘수의 고향이며, 이들 문인들뿐 아니라 한국이 낳은 세계적인 작곡가 윤이상이 평생을 그리워한 고향 앞바다를 품고 있는 곳이 바로 이곳 통영이다.

통영은 윤이상의 고향이라는 음악적 정체성과 한려해상국립공원 위에 펼쳐진 수려한 경관으로 인해 국제적인 음악도시로의 발전 가능성을 모색하고 있다. 이러한 잠재력을 국제적으로 인정받아 2015년 이탈리아 볼로냐, 영국 리버풀, 스페인 세비야 등 세계유수의 도시들과 나란히 유네스코 음악 창의도시로 선정되었다. 통영은 2003년부터 매년 윤이상국제음악콩쿠르를 개최하고 있으며 2005년 이후에는 TIMF(Tongyeong International Music Foundation, 통영국제음악재단) 아카데미를 격년제로 열고 있다. 세계의 유명한 음악제들을 참고로 콩쿠르와 아카데미가 페스티벌과 함께 병행하여 개최되고 있고, 같은 선상에서 '예술·교육·등용문'이라는 세 가지 목표가 수립되어 있다.

통영은 또한 서양음악뿐만 아니라 이 지역의 대표적인 전통예술이라 할 수 있는 남해안별신굿(중요무형문화재 제82-4호)의 보존에도 힘을 쏟고 있다. 별신굿은 음식, 음악, 춤, 문학, 신앙 등이 총체적으로 어우러진 종합예술이며, 그 역사는 고려 시대까지 거슬러 올라가는 것으로 알려져 있다. 조선시대에는 신청(神廳)이라는 기관에서 굿의 교육과 연행을 담당하였으며 세습전통으로 오늘날까지 그 자손들에 의해 연행되고 있다. 현재 11대 정영만 선생이 예능보유자로서 활동하고 있으며 12대의 자손들에게 전수되고 있다. 이수자 및 전수자는 대부분 국악과 및 무용과 졸업자들로서 전국 각 지역에서 활동하는 중견 예술인으로 활동하고 있다. 매달 실시되는 전수교육 시 통영예능전수관 남해안별신굿 보존회에 모여 학습함으로써 남해안별신굿의 맥을 이어가고 있다. 이 밖에도 승전무, 통영오광대, 삼현육각진춤, 취타악 등의 보존에도 적극적으로 지원하고 있다.

음악창의도시답게 통영의 음악 관련 콘텐츠는 크게 세 분야로 구분된다. 첫째는 음악교육이다. 음악교육'은 다양한 음악활동을 통하여 음악의 아름다움을 경험하고, 음악성과 창의성, 음악의 역할과 가치에 대한 안목을 키움으로써 음악을 생활 속에서 즐길 수 있도록 하는 과정이다. 다양한 음악교육 프로그램을 통해 음악적 정서와 표현력을 계발하고, 문화의 다원적 가치를 인식하여 타인을 존중하고 배려하는 창의적 인재 육성을 목표로 한다. 학생들은 방과후학교나 자유학기제를 통해 음악, 미술, 무용, 체육 활동 등 관심 있는 동아리에 참여해 토론, 실습중심의 참여형 수업과 진로탐색을 진행하고 있다. 두 번째는 음악공연산업으로 공연은 춤, 음악 등 다양한 형태의 콘텐츠를 같은 공간에서 관객들과 직접 교감하는 커뮤니케이션형 창조예술이다. 공연은 기획, 연출, 음향, 조명, 영상, 무대 전문가 등 많은 인적자원을 필요로 하며, 세계 경제성장에 따른 소득증대는 문화예술에 대한 수요증가로 이어져 공연산업은 21세기 고부가가치 산업 또는 신지식 기반산업으로 인식된다. 연중 TIMF (Tongyeong International Music Festival: 통영국제음악제), 프린지 페스티벌, 통영문학제, 통영예술제, 통영연극예술축제, 통영한산대첩축제 등 다채로운 공연이 펼쳐지고 있다. 셋째, 국내외 음악교류산업으로 분류할 수 있다. 음악교류는 영·호남과 동·서양의 지역적 차이와 전통을 상호이해할 수 있는 매개로 작동하고 있으며 기본적으로는 각 문화의 평등성을 인정케 한다. 이와 같이 통영의 음악교류는 국제사회의 평화적 발전을 도모하고 국제적인 문화공동체를 형성케 하

는 데 중요한 역할을 하고 있다.[74)]

구체적으로는 통영국제음악제, TFO(Tongyeong Festival Orchestra: 통영페스티벌오케스트라) 아시아 투어, 아시아 작곡가 쇼케이스를 통해 국외 음악인들과 활발히 교류하고 있으며, 국제음악콩쿠르세계연맹(WFIMC: World Federation of International Music Competition), 국제현대음악협회(ISCM: International Society for Contemporary Music), 아시아태평양공연예술센터연합회(AAPPAC: Association of Asia Pacific Performing Arts Centres), 아시아공연예술축제연맹(AAPAF: Association of Asia Performing Arts festival), 국제음악정보협회(IAMIC: International Association of Music Information Centres) 등 세계적인 음악관련 협회와 네트워킹을 통해 정보를 교환하고 공동프로젝트를 수립하는 등 통영의 국제적인 위상은 한층 높아지고 있다.

통영국제음악제가 짧은 기간에 성공적인 축제로 정착하게 된 데에는 통영출신의 세계적인 작곡가 윤이상(1917-1995)의 위상도 기여했으나 관주도의 하향식 방식이 아닌 민관이 함께 협력하여 다양한 콘텐츠를 개발한 것이 주효했다. 2017년 윤이상 탄생 100주년 기념 음악제는 10일간 23회의 공식공연, 평균 객석 점유율 85%, 지난해 대비 관객수 12% 상승, 티켓 수익 18.5% 상승이라

74) 통영 유네스코 음악창의도시 홈페이지, http://music.tongyeong.go.kr/, 검색일자: 2019년 1월 9일. 통영국제음악당 항공촬영본, https://www.youtube.com/watch?v=nOa7X1DTwDk

윤이상 갤러리룸(출처: www.timf.org)

는 성적표[75]를 받으면서 윤이상의 높아지는 위상과 세계적인 음악제로서의 가능성을 확인시켜주고 있다.

2) 오스트리아 잘츠부르크(Salzburg)

오스트리아의 잘츠부르크는 인구 15만 명의 작은 도시이지만 음악계의 허브라는 자부심이 가득하다. 모차르트의 고향이자 음악영화 <사운드 오브 뮤직>의 배경으로서 잘츠부르크는 1920년부터 품격 높은 음악축제로 전 세계 음악팬들의 시선을 끌고 있다. 매년 잘츠부르크 축제(Salzburg Festival)에는 애나 네트레프코(Anna Netrebko), 롤란도 빌라손(Rolando Villazón), 리카르도 무티(Riccardo Muti)와 같은 저명한 음악가들이 음악팬들과 만나기 위해 이곳을 찾는다. 주로 7월 말경 열리는 축제 기간 동안 지역 인구를 뛰어넘는 25만여 명의 관광객이 방문하고 있다. 공연

75) "통영국제음악제, 지난해 대비 관객·수익 상승," 경남일보, 2017년 4월 25일자. http://www.gnnews.co.kr/news/articleView.html?idxno=296887, 검색일자:2019년 1월 8일.

은 오페라, 연극, 콘서트 등 다양한 형식을 빌어 진행된다. 매년 휴고 폰 호프만슈탈(Hugo von Hofmannsthal)의 각인극(各人劇, Everyman, 독어로는 Jedermann)이라는 이름의 연극이 잘츠부르크 대성당 광장에서 공연되는데 중세부터 현대까지 계속해서 제작되고 있는 일종의 교육극(Schultheater)이다. 모든 계층의 인간이 사후에는 모든 것을 이 세상에 두고 가야하며, 인간의 모든 행위는 신의 심판을 받게 된다는 내용이다. 매년 2,500석의 관람석은 눈 깜짝할 사이 매진될 정도로 인기가 높다.[76]

잘츠부르크 축제는 원래 1914년부터 계획된 축제였으나 제1차 세계대전이 발발하면서 무산되었고 전쟁이 끝나고 1918년에 시인이자 드라마작가인 휴고 폰 호프만슈탈, 작곡가 리처드 스트라우스, 풍경 디자이너 알프레드 롤러, 지휘자 프란크 쇼크, 음악감독 막스 라인하트가 의기투합하여 이로부터 2년 후인 1920년 8월 첫 공연을 선보였다. 축제의 하이라이트인 각인극은 이 당시부터 잘츠부르크 대성당 광장에서 열렸는데 오케스트라악단의 웅장한 연주와 섬세한 선율의 실내악단 공연도 무대에 함께 오른다. 모차르트의 오페라 <돈 죠반니>가 리처드 스트라우스의 지휘로 초연되었고 당시 최고의 테너였던 리처드 토이버(Richard Tauber)를 비롯해 국립 비엔나 오페라단 소속의 실력 있는 가수들이 무대에 섰다. 축제기간 동안 무료로 진행되는 공연도 일부 있으며, 그 외에도 풍성한 거리공연 또한 관광객의 시선을 끌기에

76) 잘츠부르크 홈페이지, https://www.salzburg.info/en/salzburg/salzburg-festival, 검색일자: 2019년 1월 1일.

잘츠부르크 음악제 야외공연(출처: www.siemens.at)

충분하다.

오스트리아를 대표하는 음악축제답게 2018년에는 5주 동안 206개의 공연이 열려 공연 티켓판매 수입만 3천30만 유로(약 388억원)에 달했고 평균 좌석점유율은 97%로 거의 모든 공연이 만석에 가까웠다. 판매된 총 티켓의 수는 26만여 장에 이르렀다, 이는 곧 1억8천3백만 유로(약 2,300억원)의 경제효과를 가져왔는데, 결과적으로 2,800개의 풀타임 일자리가 늘어났고 축제기간 동안 파트타임 근로자의 숫자도 대폭 증가한 것으로 나타났다. 관광객은 약 221,710명으로 집계(유럽이외 국가에서 47%) 되었고 축제뿐만 아니라 공공분야에도 직간접적으로 긍정적인 영향을 미쳐 지역의 이미지 제고와 아울러 약8천만 유로(약 1,023억원)의 수입을 올린 것으로 조사되었다.[77]

---

77) "Final Report on the 2018 Salzburg Festival," https://marijanzlobec.wordpress.com/2018/09/16/final-report-on-the-

3) 스위스 바젤(Basel)

스위스의 바젤은 수도 베른에서 북쪽으로 기차로 1시간 정도 거리에 있으며 프랑스와 독일의 접경지역에 위치한 교통의 요지로서 스위스에서 세 번째로 큰 도시이다. 2016년을 기준으로 인구는 54만여 명으로 화학산업, 제약업, 바이오산업 등이 발달하였고 중세 때 설립한 성당을 중심으로 종교 및 문화예술 각 분야에서 허브 역할을 담당하고 있다. 또한 16세기 르네상스를 대표하는 화가 한스 홀바인을 비롯해 각 시대별 거장들이 바젤에서 작업하면서 미술가의 도시라는 장소성을 자연스럽게 갖게 되었다.

1970년부터는 전 세계의 예술품 거래상, 작가, 수집가와 관광객을 불러 모으는 대규모 아트페어의 도시로 명성을 날리고 있다. 바젤을 중심으로 활동하던 예술품 거래상 에른스트 바이엘러(Ernst Beyeler)는 이 도시의 교통입지와 예술적 정체성을 기반으로 바젤이 현대미술의 메카가 될 수 있다는 가능성을 확신했고 지역의 화랑가들을 설득해 1970년 아트바젤을 창설하였다. 파리나 제네바 등 당대 미술의 중심지를 고집하는 대신에 교통의 요지로서 산업 및 문화의 중심지 역할을 해 온 바젤을 거점으로 하여 전시, 감상, 구매, 지원이 모두 이루어지는 새로운 개념의 아트페어를 연 것이다.[78]

아트바젤에서는 최고급 최고가 미술작품이 전시되고 거래되며 세계 최고의 컬렉터와 큐레이터들의 관심을 받고 있다. 또한 이들

2018-salzburg-festival/,검색일자: 2019년 1월 8일.

78) 2018년 아트바젤 홍보 채널, https://youtu.be/gyw7xbI61vs

스위스 아트바젤(출처: https://www.artbase)

홍콩 아트바젤(출처: https://www.artbase)

이 네트워크를 형성하면서 해마다 300개 이상의 갤러리, 2,500여 작가의 작품이 전시되고 있으며, 전 세계에서 5만 명 이상의 예술가, 아트전문가, 수집가 등이 찾고 있다. 아트바젤은 관람객까지 합하면 연간 200만 명 이상 방문하는 세계 최고의 아트페어로 자리잡았다. 관람객들은 전시 외에도 함께 열리는 영화, 강연, 공연 등의 문화축제를 통해 다양한 문화 체험 기회를 얻고 있다.

2002년에는 마이애미비치 아트페어를 통해 스위스에서 다른 대륙으로 예술적 지평을 넓혔다. 2018년 새롭게 개축한 마이애미비치 컨벤션센터에서 5일간 열린 전시에는 8만 3천여 명의 관람객이 몰려 성황을 이루었다. 북미, 남미, 유럽, 아시아, 호주, 아프리카 등 다양한 지역에서 300여 개의 갤러리들이 참가하였고, 그림, 조각, 설치미술, 사진, 필름, 개념예술 등 최근 현대미술의 동향을 한눈에 파악할 수 있는 예술품들이 출품되었다. 2013년에는 홍콩 아트바젤이 시작하였다. 2015년에만 7만여 명의 관람객이 방문하였고, 100개가 넘는 박물관, 세계 35개국에서 239개의 화랑이 참여하였다. 이처럼 아트바젤은 미국과 홍콩에까지 미술 시장을 확대함으로써 세계 미술계에 거대한 영향력을 행사하고 있다.

참고문헌

국내 문헌

강성중, 「문화경관개념에 기초한 공공디자인 방향 연구」, 『한국디자인문화학회지』, 24권 제1호, 2018.

권시형, 김영수, 「서울시 도시경관계획수립 현황 및 문제점 분석에 관한 연구-서울시 및 지자체 도시(경관) 디자인관련 계획을 중심으로」, 『도시설계』, 제13권 5호, 2012.

국토연구원, 「도시계획의 신조류 일본 해외연수 보고서」, 2008.

김상욱, 「스웨덴의 '에코뮤지엄' 주민과 지역사회가 관리, 운영의 주체-생활양식, 자연환경 등 열린 공간자체를 박물관화하다」, 『월간 주민자치』, 제71호, 2017.

김상태 외, 「역사.전통문화 체험관광 활성화 방안」, 한국문화관광연구원, 2014.

김영준, 지역 주도형 관광특구 운영 활성화 방안, 한국문화관광연구원, 2015.

김용웅, 「지역개발의 10대 전략」, 『국토』, 1998.

김자성, 「폐 석산의 이유있는 변신-포천 아트밸리」, 한국농어촌공사, 2015.

김지나, 한소영, 조경진, 「장소마케팅에서 공간 스토리텔링의 중층 구조에 관한 연구-미국 솔뱅시와 한국 제천시를 중심으로」, 『한국도시설계학회지 도시설계』, 제16권 제3호, 2015.

김진범, 「일본 마노지구의 마치즈쿠리 전개과정과 교훈」, 『국토』, 2008년 3월호, pp.83-84.

김진영, 「전쟁.안보문화콘텐츠를 활용한 지역 활성화 방안에 관한 연구: 강원도 철원군과 영국 Flodden 사례를 중심으로」, 『글로벌문화콘텐츠』, 제16호, 2014년.

김홍배, 박준화, 「저탄소 도시개발을 위한 녹색인증기준에 관한 연구-근린주구 중심으로」, 『국토계획』, 제48권 제2호, 2013.

김홍순, 「인구지표를 통해 본 우리나라 도시화 성격-일제강점기와 그 전후 시기의 비교」, 『제23권 2호』, 2011.

대한무역투자진흥공사(KOTRA), 「Invest Korea」, 문화콘텐츠, 2014.

류정아, 「한국지역축제 조사평가 및 개선방안 연구 총괄보고서」, 문화관광연구원, 2006.

______, 「한국지역축제 조사평가 및 개선방안 연구 심층조사보고서」, 문화관광연구원, 2006,

문화체육관광부, 「2017년기준 관광동향에 관한 연차보고서」, 2017.

박자연, 김성섭, 「지역산업연관표를 활용한 컨벤션산업의 경제효과 분석」, 『관광레저연구』, 제24권 제2호, 2012.

박태원 외, 「한국의 젠트리피케이션」, 『도시정보 제413호』, 2016, pp.3-6.

『법률용어사전』, 현암사, 2016.

배정현, 김영훈, 「뉴어바니즘 이론을 기반으로 한 도시재생 방안에 관한 연구」, 『대한건축학회 학술발표대회 논문집』, 제32권 2호, 2012.

사순옥, 「지역축제의 세계화: 뮌헨의 옥토버페스트」, 『카프카연구』, 제12집, 2004.

성형곤 외, 「대중교통지향형 도시개발의 효과분석 및 유도기법 적용방안」, 『한국교통연구원』, 2007.

손정훈, 「프랑스의 문학기행루트」, 『프랑스문화예술연구』, 제33, 2010.

양혜원, 「지역분권 관점에서의 주요국가 예술지원정책 분석 연구: 영국, 프랑스, 미국을 중심으로」, 한국문화관광연구원, 2018.

엄연석, 「주역 상징의리론의 문화생태학적 특성-진화론관의 연관성을 중심으로-」, 『철학사상 34호』, 2009.

오현석, 「농촌개발정책-메뉴방식에서 목표지향 방식으로」, 『시선집중 GSnJ, 201』, 2015.

유동림 외, 「고행지 아마란스를 이용한 경관체험농장 조성을 위한 모델 설정」, 『한국자원식물학회 학술심포지엄』, 2017.

유재윤 외, 「도시재생의 필요성과 정책과제」, 『국토정책 Brief』, 2013, 3.

이경모, 「도시재생의 연금술, 테이트모던」, 『미술세계』, 315호, 2011.

이동배, 「지역문화원형을 활용한 공연콘텐츠개발 사례연구」, 『글로벌문화콘텐츠』, 제35호, 2018.

이상규, 『경관계획의 효율적 작성과 관리방안』, 경기연구원, 2007.

이상열, 정종은, 「미래 문화정책의 방향과 과제」, 한국문화관광연구원, 2017.

이영준, 「문학과 관광의 만남-영국의 스트랫포드 온에이븐과 한국의 봉평」, 『글로벌문화콘텐츠』, 23호.

이영준, 김진영, 「도심 재생 사례 연구: 부산 감천문화마을을 중심으로」, 『한국콘텐츠학회 종합학술대회 논문집』, 2014년 11월.

이영희, 「권하는 책: 문화지리학입문」, 『건축 42권 10호』, 1998.

이욱형, 「지역경제개발과 미국의 EZ/EC에 관한 연구」, 『한국유통학회 학술대회 발표논문집』, 2005.

이원규, 「도심 활성화를 위한 컴팩트 시티」, 『BDI 정책포커스 246』, 2014년 3월호.

이정형, 이여경, 황소영, 「미국 시애틀시 어반빌리지 전략에 의한 도시설계수법에 관한 연구」, 『대한건축학회 논문집-계획계』, 제28권 6호, 2012.

이정훈, 「포천시 특화발전사업계획 수립연구-포천석아트밸리 개발 기본구상 및 추진전략 요약본」, 경기연구원, 2004.

임동욱, 「'빛과 소리의 쇼'를 통한 역사유적의 장소성 극대화-프랑스 '송에뤼미에르'콘텐츠의 발전 과정」, 『글로벌문화콘텐츠』, 제23호, 2016.

임명환, 「문화콘텐츠 산업의 동향과 전망 및 기술혁신 전략」, 『한국전자통신연구원』, 2009.

전윤경, 「문학관광자원으로 본 문학관의 활성화 방안 연구」, 『문화콘텐츠연구』, 제13호, 2018.

정대훈, 「옛길의 문화재적 가치와 활용-경기옛길의 사례를 중심으로」, 『글로벌문화콘텐츠』, 제15호, 2014.

정하용, 「지방자치시대의 지역사회개발과 주민참여 활성화 방안」, 『한국지역개발학회지』, 제19권 제3호, 2007.

장혜원, 「지역실경공연의 산업화 방안」, 『한국엔터테인먼트산업학회 논문지』, 제8권 제2호, 2014.

진종헌 외, 「지속가능한 생태문화도시의 방향설정 및 추진방안」, 『한국환경정책 평가연구원』, 2008.

조연주, 신경주, 「유휴 산업시설의 컨버전 사례분석-테이트모던, 발틱 현대미술센터, 루르 박물관을 중심으로-」, 『한국실내디자인학회 논문집』, 제20권 3호, 2011.

충남연구원, 「공무국외여행 결과보고서-스웨덴 스톡홀름, 크리스티안스타드, 말뫼ー」, 2015.

"통영국제음악제, 지난해 대비 관객·수익 상승," 경남일보, 2017

년 4월 25일자. http://www.gnnews.co.kr/news/articleView.html?idxno=296887

하성규, 「지역개발학의 정체성과 발전방향」, 『한국지역개발학회지』, 제23호 제4권, 2011.

한국지방자치학회 편저, 『지방자치사전』, 보성각 2010.

해외 문헌

European Union URBACT II Capitalisation, "Sustainable Regeneration in Urban Areas," 2015.

Doutre, G., "How Community Kitchens Help Canadian Families," Huffpost, 2013년 8월 9일자

.https://www.huffingtonpost.ca/gerry-doutre/community-kitchens-canada_b_3405098.html.

European Union URBACT II Capitalisation, "Sustainable Regeneration in Urban Areas," 2015.

Farzaneh, M., "Urban Development Planning, Regeneration and Public Participation: A Comparison between the UK and Iran," Newcastle University, School of Architecture, Dissertation, 2011.

"Final Report on the 2018 Salzburg Festival," https://marijanzlobec.wordpress.com/2018/09/16/final-report-on-the-2018-salzburg-festival/.

Hirst, K.Kric, Cultural Resources Management, A Process. Electronic document accessed January 2014,

http://archaeology.about.com/od/culturalresource/qt/crm_definition.htm.

Lew, A.A., "Where the World Meets: Regionalism and Globalization in Saingapore's Convention Industry," Journal of Convention and Exhibition Management, Vol.1 No.4, 1999.

"NEA Guide," 2018.

Murray, M. and Graham. B., "Exploring the Dialectics of Route-based Tourism: The Camino de Santiago", *Tourism Management*, Vol.18 No.8, 1997.

Park, Ri Sil, "Meeting, Incentive, Convention, Exhibition Tourism (MICE) Development in Japan: Case studies from Kushu scoping in Fukuoka, Kumamoto and Beppu City," Ritsumeikan Asia Pacific University, Master' s thesis, 2016.

Scanlon, K., Sagor, E., Whitehead, C., & Mossa, A., "New London Villages: Creating community." London: The London School of Economics and Political Science. 2016. Available from

www.lse.ac.uk/geographyAndEnvironment/research/london/docs/FINAL-Villages-report-28.06.2016.pdf

The Food Security Network of Newfoundland and Labrador, "Community Kitchen Best Practices Toolkit: A Guide for Community Organizations in Newfoundland and Labrador," 2011.

Tyler, Edward B., Primitive Culture(1871), (Cambridge University Press, 2010).

Veolotta, R.N., "Southern Nevada meetings, conventions industry on a roll," Las Vegas Review Journal, 2014.

Warkentin, B., "Spiritual but Not Religious: The Fine Line between the Sacred and Secular on the Camino de Santiago", *Social Work & Christianity*, Vol.45 No.1, 2018.

Zhang, D., "Impressions of China: Zhang Yimou's outdoor theme productions," Queensland University of Technology, Master's thesis, 2007.

인터넷문헌

강원일보, 2018년 12월 22일자 10면, http://www.kwnews.co.kr/nview.asp?s=501&aid=218122100030

국립국어원 표준국어대사전, 'http://stdweb2.korean.go.kr/search/View.jsp

국토연구원 세계도시정보, https://ubin.krihs.re.kr/ubin/mobile/wurban/world_city_instance_view.php?no=1035

국토환경정보센터, '국토환경테마정보,' http://www.neins.go.kr/etr/ecology/doc04f.asp

대구광역시 중구 문화관광 공식 홈페이지, http://www.jung.daegu.kr/new/culture/pages/art/page.html?mc=0333

대한민국시도지사협의회 홈페이지, https://www.gaok.or.kr/gaok/main/contents.do?menuNo=200182

메이지무라 홈페이지 참조, www.meijimura.com/korean/about/index.html

베르슬러겐 에코뮤지엄 홈페이지, http://ekomuseum.se/?lang=en

삼례문화예술촌 홈페이지, http://www.samnyecav.kr/index.9is

삿포로 눈축제 공식홈페이지, www.snowfes.com.

솔뱅시 홈페이지, https://www.solvangusa.com/

옥토버페스트 공식홈페이지, https://www.oktoberfest.de/en/

옥토버페스트 인터내셔널 가이드 홈페이지,https://www.oktoberfest.net/oktoberfest-2019-program/

월간 Festival, 「커버스토리 2018 평창 효석문화제」, 2018년 12월호,

http://gnpgroup.cafe24.com/product/cover-story-2018-%ED%8F%89%EC%B0%BD-%ED%9A%A8%EC%84%9D%EB%AC%B8%ED%99%94%EC%A0%9C/482/#none

전주시청 홈페이지, http://tour.jeonju.go.kr/index.9is?contentUid=9be

517a74f72e96b014f8332a1e4145f

안동 하회마을 홈페이지, www.hahoe.or.kr

안산시청 홈페이지, http://tourinfo.iansan.net/content.do?cmsid=10002&cntid=10195

유럽위원회 공식홈페이지, https://ec.europa.eu/programmes/creative-europe/actions/capitals-culture_en

잘츠부르크 홈페이지, https://www.salzburg.info/en/salzburg/salzburg-festival

정선아리랑제 홈페이지, http://www.arirangfestival.kr/frame.html

통영 유네스코 음악창의도시 홈페이지, http://music.tongyeong.go.kr/

"통영국제음악제, 지난해 대비 관객·수익 상승," 경남일보, 2017년 4월 25일자, http://www.gnnews.co.kr/news/articleView.html?idxno=296887.

한국학중앙연구원, 『한국민족문화대백과사전』, http://encykorea.aks.ac.kr/Contents/SearchNavi?keyword=교외화&ridx=0&tot=1

호주 커뮤니티 키친 홈페이지, http://communitykitchens.org.au/

European Capital of Culture Fact Sheet, https://ec.europa.eu/programmes/creative-europe/sites/creative-europe/files/library/ecoc-fact-sheet_en.pdf

Pilgrim's Reception Office, "The Pilgrimage to Santiago de Compostela," https://oficinadelperegrino.com/en/pilgrimage/introduction/

UNWTO, "Tourism Can Protect and Promote Religious Heritage," http://media.unwto.org/press-release/2014-12-10/tourism-can-protect-andpromote-religious-heritage?page=1&field_news_date_value[value][year]=2014&field_news_date_value[value][month]=12&title.

공감과 공간

지역문화자원의 개발과 연출

초판 인쇄 2019년 7월 18일
초판 발행 2019년 7월 25일

지은이 김진영, 이종오
발행인 김인철
총괄 · 기획 가정준 Director, University Knowledge Press
편집장 신선호 Executive Knowledge Contents Creator
기획 · 물류 이현진 Planning Expert
도서편집 박현정 Contents Creator
사전 · 도서편집 정준희 Contents Creator
도서편집 장혜린 Contents Creator
재무관리 강현주 Managing Creator
발행처 한국외국어대학교 지식출판콘텐츠원
02450 서울특별시 동대문구 이문로 107
전화 02)2173-2493~7
팩스 02)2173-3363
홈페이지 http://press.hufs.ac.kr
전자우편 press@hufs.ac.kr
출판등록 제6-6호(1969. 4. 30)
디자인 · 편집 디자인퍼브 02)2254-4308
인쇄 · 제본 네오프린텍 02)718-3111

ISBN 979-11-5901-589-2 93600 정가 29,000원

*잘못된 책은 교환하여 드립니다.

HUINE은 한국외국어대학교 지식출판콘텐츠원의 어학도서, 사회과학도서, 지역학 도서 Sub Brand이다. 한국외대의 영문명인 HUFS, 현명한 국제전문가 양성(International +Intelligent)의 의미를 담고 있으며, 휴인(携引)의 뜻인 '이끌다, 끌고 나가다'라는 의미처럼 출판계를 이끄는 리더로서, 혁신의 이미지를 담고 있다.